有一种境界
叫不较真

刘亚男　编著

吉林文史出版社
JILIN WENSHI CHUBANSHE

图书在版编目（CIP）数据

有一种境界叫不较真 / 刘亚男编著. -- 长春：
吉林文史出版社，2019.9（2023.9重印）

ISBN 978-7-5472-6471-3

Ⅰ. ①有… Ⅱ. ①刘… Ⅲ. ①人生哲学－通俗读物
Ⅳ. ①B821-49

中国版本图书馆CIP数据核字(2019)第153397号

有一种境界叫不较真

YOU YIZHONG JINGJIE JIAO BU JIAOZHEN

编　　著	刘亚男	
责任编辑	魏姚童	
封面设计	韩立强	
出版发行	吉林文史出版社有限责任公司	
地　　址	长春市净月区福祉大路5788号	
网　　址	www.jlws.com.cn	
印　　刷	天津海德伟业印务有限公司	
版　　次	2019年9月第1版　2023年9月第3次印刷	
开　　本	880mm×1230mm　　1/32	
字　　数	145千	
印　　张	6	
书　　号	ISBN 978-7-5472-6471-3	
定　　价	32.00元	

前言
PREFACE

　　不较真儿是基于东方传统文化而催生的一种人生境界。达此境界者，退可独善其身，进可兼济天下。人到了一定的年龄，不和社会较真儿，因为较不起。不和小人较真儿，因为不值得。不和朋友较真儿，因为不能弃。不和自己较真儿，因为伤身体。不和亲人较真儿，因为伤和气。不和往事较真儿，因为没价值。不和现实较真儿，因为要继续。人生下好自己的棋，演好自己的角色。健康地活着，平淡地过着，真实地爱着。

　　不过想要真正做到不较真儿、能容人，也不是一件简单的事，需要有良好的修养和善解人意的思维方式，并且需要从对方的角度设身处地考虑和处理问题，多一些体谅和谅解，这样就会多一些宽容，多一些和谐，多一些友谊。

　　二十多岁时，小杜失恋了。她很痛苦，因为她无法放下这段感情也无力去挽回。她觉得自己付出太多，不应该是一个这样的结局。一个长者开导她：“想象一下：在对方不爱你的情况之下，你们结婚，你们生子，你们厮守一辈子，他不爱你，而你也不会再爱他——你光支付‘爱币’却没有回报，很快就会因情感透支而无力继续支付。要是没有趁早分手的话，形同陌路的你们发展下去将是一个多么大的人生悲剧！所以，你应该感谢现在的失恋。”

　　小杜想想，也是。和一个不爱自己的人生活一辈子，真是一种钝刀割肉般的酷刑，要比失恋难受一万倍。这样的感情，何必执着，何必去较真儿呢。小杜想开了，心头郁结的气就散了。她没有和这段感情较真儿，而是潇洒地和往事告别，神清气爽地踏上了新的旅途。

原来，人之所以"放不下"，是因为"太较真儿"。一个人欲放得下，一定不能太固执，太较真儿。而如何"不较真儿"，则要看各自的功力。例如对于失恋，有的人认为是"和自己深爱的人分手"，而有的人则理解成"和不爱自己的人分手"。两者之间谁不去较真儿，谁更放得下，不言自明。

天使之所以能够飞翔，是因为他们有着轻盈的人生态度。如果我们能将感情、事业、生死的事情想开一点儿，不去较真儿，那么我们会发现其实有很多东西妨碍了我们愉悦的心情，让我们变成一个常常连自己都觉得可怜的人。

不去较真儿，淡泊心性下是一种有弹性的生活方式，是一种人生境界。一个不较真儿的人，不仅放得下，而且挺得住。这样说来，不较真儿确实是一枚开心果、一粒解烦丹、一道欢喜禅。

目录
CONTENTS

第一章
不与失败和苦难较真儿

　　人生的苦难，并不会仅仅因为科学技术的进步而减少。其实，人之苦，主要是苦在心灵。——想得到的得不到，痛苦！得到了发现不过如此，痛苦！得到之后失去了，痛苦！人啊，得不到时痛苦，得到了也痛苦，得到后失去了还是痛苦。痛苦，痛苦，痛苦，从人降生时自己的哭泣开始，到死亡时别人的眼泪结束。人生，难道真的注定是一首由痛苦音符组成的咏叹调吗？

淡泊心性，理性对待得失

俄国文学家托尔斯泰云：不幸的家庭各有各的不幸。把这句话套用在作为个体的人身上也非常贴切：不幸的个人各有各的不幸。不过，归纳起来，人的不幸大部分源于"得失"二字：想要得到某些东西，但却得不到，于是愤恨、嫉妒、气急败坏等各种情绪便出现了。抑或是你不想失去什么，却偏偏失去了，于是就变得沮丧、挫折、怨天尤人。一个人既忧心于得不到所要的东西，又悔恨于所失去已经拥有的，再加上担心可能将要失去的东西。得失之间，内心忐忑，岂能不苦？

一对经常吵嘴的夫妻，有一天一起出游，经过一个小湖。太太看到湖上两只鹅恩爱地相互依偎在一起，就感慨地说："你看，它们多恩爱呀！"

丈夫听了，一声不吭。

到了下午，这对夫妻回家时，又经过那小湖，依然看见那对鹅在湖面上卿卿我我，真是令人羡慕！

此时，妻子又开口了："你要是能像那只公鹅一样体贴温柔，那就好了。"

"是啊！我也希望如此啊！"先生指着湖面上的那一对鹅说："不过，你有没有看清楚，现在那只母鹅，并不是早上那一只哦！"

俗话说："有一好，就没两好。"蜡烛不可能两头烧，甘蔗不可能两头甜。得到娇妻是得吧，但你在得到的同时，意味着要失去单身时代的无拘无束。而且，当你找了一个会持家的人，她对你的某些嗜好也可能"精打细算"；而当你找了一个懂得浪漫情趣的人，免不了她也可能对别人浪漫体贴。

还有一则故事，说的是精神病院的两个病人。第一个病人手里总握着一张女人的照片，一边哭一边用头撞墙壁。照片上的女人是这个人曾经深爱过的人，但是那女人却嫁给了别人。这人因为打击巨大而精神失常，在精神病院，他不论醒着或睡时，都不肯将照片放下。另一个病人口里老是嘟囔着一个名字，一边哭一边用头撞墙壁。这个人嘟囔着一个女人的名字，声称要杀了她。他嘴里的女人是他的妻子，因为妻子长年累月的刁难、刻薄与讥讽，他精神失常了。

这个故事似乎很平常。不过，如果你知道了后者所念叨的名字就是前者相片中的人的名字，就会感觉出其中的不平常了。其实，任何事物都是一样——有得必有失，有失必有得，得失都是相对的。当你失去某些东西，就会得到另一些东西；当你想要得到某种东西时，你也会失去另一种东西。任何事物皆有"互为因果"的关系。今天某件看起来"得"的事物，可能已经种下明天另一件事物"失"的因子。相对来说，明日之"失"也可能是后日之"得"。

人一旦想通了，再遇上什么得失就会不怎么放在心头了。民国时期著名的新月派诗人徐志摩曾说："我将于茫茫人海中访我唯一灵魂的伴侣，得之，我幸；不得，我命。如此而已。"这是他在追求陆小曼时说的话。后来他得到了陆小曼，但为了满足陆小曼奢靡的生活，他频繁地往来于南北授课，最后将自己 34 岁的生命献给碧蓝的天空——他死于 1931 年的飞机失事。他终于轻轻地从陆小曼的身边走了，正如他轻轻地来，他轻轻地挥手，没有带走陆小曼身边的一朵云彩。

看了上面这个小故事，我们难道不会糊涂吗？如果徐志摩没有得到陆小曼，他的生命会在风华正茂中凋谢吗？如果他没有在风华正茂中凋谢，在往后苦难深沉、变幻莫测的中国时局中，他的爱情以及他个人，又会面临一种怎样残酷的考验？到底是得之是我幸，还是不得乃我幸？我们说不出答案，我们糊涂了。在糊涂之中，我们对于答案不再追问，对于得失不再看重。

活在当下，享受生活

从前有位财主，他对自己地窖里珍藏的酒非常自豪——窖里保留着一坛只有他才知道有多珍贵，而且他准备只在某种高级场合才能喝的陈酒。

县太爷登门拜访，财主提醒自己："这坛酒不能仅仅为一个县长启封。"

知府大人来看他，他自忖道："不，不能开启那坛酒。他不懂这种酒的价值，酒香也不应该飘进他的鼻孔。"

钦差大臣来访，和他同进晚餐，但他想："让区区一个钦差喝这种酒那可是过分奢侈了。"

甚至在他亲侄子结婚那天，他还对自己说："不行，接待这种客人，不能拿出这坛酒。"

一年又一年，财主死了。

下葬那天，珍藏的陈酒坛和其他酒坛一起被搬了出来，左邻右舍的农民把所有的酒统统喝光了。谁也不知道这坛陈年老酒的久远历史。

对他们来说，所有倒进酒杯里的仅仅是酒而已。

与之相对应，一位外国记者曾讲过这样一个故事：

这位记者曾采访过钢琴大师鲁宾斯坦，临别时大师送给他一盒上等雪茄。这位记者表示要好好地珍藏这一礼物。钢琴大师告诉他："为什么要珍藏？不要这样，你一定要享用它们，这种雪茄如同人生一样，都是不能保存的，你要尽量去享受它们。不能享受人生，人就没有快乐。"

正如古诗所云：

劝君莫惜金缕衣，劝君惜取少年时。

花开堪折直须折，莫待无花空折枝。

一个人登山为了什么？是为了登顶，还是为了享受登顶过程中的美景？

但在人生道路上可没有绝对的顶峰，在不停地攀登的过程中，要学会欣赏一路的景色，那才能使自己的人生显出瑰丽。人生应该有两个目标：第一是得到所想要的东西，尽力去争取；第二是享受你现在所拥有的。然而只有最聪明的人才能做到这两点。一般人总是朝着第一个目标迈进，他们根本不懂得享受。

我有一个朋友，在北京打拼十多年，已经迈入了千万富豪之列。他有豪宅，有名车，有娇妻，有爱子。这样的人生，应该是幸福美满的。但他却很少开心。商战搏杀让他神经衰弱，失眠与多梦折磨了他数年，怎么治疗也不见好转。心理医生建议他每年给自己放半个月假，外出度假放松自己。但依然不见效。有一次，我一家三口与他一家三口结伴去云南度假，刚一下飞机，就见到他急忙打开手机，给自己的公司总经理打电话，谈论公司的各种问题。其实，公司的总经理是他很信得过的人，公司的财务总监是他弟弟，他外出根本不用他操多少心。

到了泸沽湖，在如诗如画的山水面前，也不见他怎么亲近山水。他是身在度假，心却在公司，不是与我探讨他生意上的事情，就是打电话给北京的公司。毫无疑问，这样的度假，根本无法得到身心上的放松，甚至可能会比不度假还让人累。因此，他的神经衰弱、失眠多梦的问题，丝毫没有好转。

人生的道路上如果只有攀登，而没有驻足去欣赏、享受攀登所带来的美景，那还有什么意义？事业是没有终点的，享受却可以随时开始。

大多数人都认为，所谓享受，那可是有钱人的特权。其实不然，听骤雨敲窗，看云舒云卷，赏花开花落……这些，都与金钱无关。就像我上面提到的那位富豪朋友，他有钱，却没有心思去欣赏与享受。会享受人生的人，不在于拥有多少财富，不在于住房的大小，薪水的多少，职位的高低，而在于你是否有这份悠然之心。

　　生活永远不是完美的。对于我们普通大众来说，或许在养家糊口中不得不忙碌奔波。但在忙碌奔波时，我们依然可以找到快乐。不管你的现状如何、目标如何，都别忘了人生的第二个目标：享受你现在所拥有的。没有必要总是给享受去预设很多前提条件，人生本身就是由每一个"当下"或"现在"所组成，享受现在就能成就一生。

　　不少人的心绪往往在过去和未来之间摆荡，不是对过去耿耿于怀，就是对将来忧心忡忡，浑然不知"当下"的滋味，结果是对过去的包袱无法丢弃，而未来的重担又把自己压得喘不过气来，不得不在过去和未来之间游移。

　　现在，就是我生命中最美好的时光！这其实就是佛陀当年所说的"活在当下"。东西方在文化上有一定的差异，却对"珍惜现在，享受现在"有着一致的看法。

　　每天，当我们结束工作时，就应当把成为以往的事情忘记，因为过去的光阴不能再追回来。虽然我们难保一天所做不会有错误或蠢事，但是事情已经过去，一味地追悔，只能贻误明天的辉煌，而成为下一个令人追悔的蠢事。今天就握在我们手中，这是一个新日子，它好像人生日记本里的空白一页，任由我们去写。我们所要做的就是燃起生命的热情，激发心中的希望，倾注全力去做好每一件事，去享受每一个今天。

　　最好的沉思就是留意生活，想哭就哭，想笑就笑，闲时晒晒太阳，忙时泡个热水澡。多与他人分享快乐，少关注自己的烦恼；多留意最简单的日常活动，少预想未来会怎么不着调，更不必留恋对过去的怀念。快乐地活在当下就是最高级别的沉思。

　　活在当下，享受当下。生命如果说是一条奔腾不息的河流，那么每天都是一朵跳跃的浪花。我们要与浪花起舞，享受生命中难得的每一天。

珍惜身边的亲人朋友

一匹可敬的老马失去了老伴儿，身边只有唯一的儿子和自己在一起生活。老马十分疼爱儿子，把它带到一片草地上去抚养，那里有流水，有花卉，还有诱人的绿荫。总之，那里具有幸福生活所需的一切。

但小马驹根本不把这种幸福的生活放在眼里，每天吃着嫩绿的三叶草却抱怨口味单一，在鲜花遍地的原野上毫无目的地东奔西跑，没有必要地沐浴洗澡，没感到疲劳就呼呼大睡。

这匹又懒又胖的小马驹对这样的生活逐渐厌烦了，对这片美丽的草地也产生了反感。它找到父亲，对它说："近来我的身体不舒服。这片草地不卫生，伤害了我；这些三叶草没有香味；这里的水中带泥沙；我们在这里呼吸的空气刺激了我的肺。一句话，除非我们离开这儿，不然我就要死了。"

"我亲爱的儿子，既然这有关你的生命，"它的父亲答道，"那我们就马上离开这儿。"它们说完就行动——父子俩立刻出发去寻找一个新的家。

小马驹听说出去旅行，高兴得嘶叫起来，而老马却不那么快乐，只是安详地走着，在前面领路。它让它的孩子爬上陡峭而荒芜的高山，那山上没有牧草，就连可以充饥的东西也没有一点儿。

天快黑了，仍然没有牧草，父子俩只好空着肚子躺下睡觉。第二天，它们几乎饿得筋疲力尽了，只吃到了一些长不高而且是带刺的灌木丛，但它们心里已十分满意。现在小马驹不再奔跑了。又过了两天，它几乎迈了前腿就拖不动后腿了。

老马心想，现在给它的教训已经足够了，就趁黑把儿子偷偷带回原来的草地。小马驹一发现嫩草，就急忙地去吃。

"啊！这是多么绝妙的美味啊！多么好的绿草呀！"小马驹高兴得跳了起来，"哪儿来的这么甜这么嫩的东西？父亲，我们不要再往前去找了，也别回老家去了——让我们永远留在这个可爱的地方吧，我们就在这里安家吧，哪个地方能跟这里相比呀！"

小马驹这样说，而它的父亲也答应了它的请求。天亮了，小马驹突然认出了这个地方原来就是几天前它离开的那片草地。它垂下了眼睛，非常羞愧。

老马温和地对小马驹说："我亲爱的孩子，要记住这句格言：幸福其实就在你的眼前。"

熟悉的地方没风景，仆人的眼里没伟人。太多的美好与幸福，往往令沉浸在其中的人们觉察不到。而等到失去后再察觉原来的幸福而徒生遗憾与后悔，这种双重的伤害真是来得不值！

一个心情非常糟糕的人去看心理医生。医生问他："你觉得有什么地方不对劲？"

"两个月前我在美国的远房亲戚去世，留给我5万美元遗产，上个月我无意中买了几张彩票，中了10多万的奖。"

"那你为何而伤心？"医生循循善诱。

"这个月已经是28号了，可我还没有得到一毛钱意外之财！"病人愤愤不平。

这个人真是可悲又可笑，不为自己得到意外之财而高兴，却为自己没有得到意外之财而忧心。生活中如此的极品大约不多，要是有的话也真是该去看心理医生了。不过，类似于这种身在福中不知福的人还真不少。

曾经在报上看过一幅名为"福在哪里"的漫画：画上画着一个大大的"福"字，一个人站在"福"字的"口"中向外张望，嘴里问："福在哪里？"福在哪里呢？他真是身在福中不知福啊。

为什么一定要等到所爱的人离去，才会想起他的美好？为什么一定要父母驾鹤西行，才会想起他们的恩情？静下心来，好好珍惜那些如空气般环绕在你周围的幸福吧！

学会理解别人的缺点

你是不是也认识这样的人——看事情总是抱着负面的想法，喜欢挑别人的毛病，专门注意错处，吹毛求疵，成天抱怨除了自己以外的任何事。

这类人，惯于从别人的言行举止中看出"弦外之音"，凡事总是往最坏的一面去解释，并拿着"放大镜"把问题过度放大，因而把自己和周边的人都搞得"鸡犬不宁"，自己辛苦，别人也辛苦。

阿美老爱看事物的"黑暗面"。自从她嫁到丈夫家后，更是变本加厉——进了门有人忘了招呼她，她就认为是"瞧不起她"；有人聊了些她不感兴趣的话题，就被她说成是"忽视她"；当全家聚在一起有说有笑，她说大家都"冷落她"；在饭来张口后，众人要她洗碗刷盘，她又说大家"欺侮她"。

丈夫当然很无奈，原本希望向她好好解释，哪知话才说了一半，她就又抱怨了："我就知道，你只会护着你的家人。"所以，一直以来她与婆家总是不和。

为了知道自己在丈夫心中的分量，有一天，阿美心血来潮，不断缠着丈夫问："你到底爱不爱我？"

丈夫或许碍于羞涩，或许无心回答，一直默不作声。

阿美问得兴起，尽管丈夫不作答，仍是腻声直问："你爱不爱我嘛？到底爱不爱我……"

丈夫仍不作答。到了后来，阿美竟假戏真做，哭了起来："你不回答，我就知道你不爱我了。"

丈夫也急了，忙道："我怎么会不爱你呢？我若是不爱你，又怎么会娶你当老婆？"

哪知，听了这番话，阿美反而哭得更伤心："你看，我就知道你不爱我，你的两句话当中，句句都有‘不爱你’三个字……"

悲观的人，总是绞尽脑汁要为自己找到痛苦的理由。生活最诡异的是：当你在找伤心痛苦的理由时，你一定会找到，而且会找到比原先想要找的还多。

曾在网上看到过一则笑话——

某天早上张三还在睡觉，却突然被吵醒，睁眼一看，原来老婆正气呼呼对他叫骂着："你真的好过分，昨晚我梦到你和一个女人眉来眼去，你还牵着人家的手。"

一脸错愕的张三，白了太太一眼："那只不过是个梦嘛！"

"什么只是个梦！"太太更加气愤："你在我的梦里都敢这样了，在你的梦里那还得了！"

就像阿美与笑话中的太太一样，如果我们想找碴儿，只会越找越多。何况这世界上谁没有瑕疵呢？

"一只满身是泥的狗，总会甩得别人一身泥"，这就是问题所在。

为什么要找出瑕疵呢？原因很简单，我们只要不断证明别人是坏人、是罪人，是别人欺负你、对不起你，每一个人都是错的，那么相较之下，你显然就成了对的、好的，是受委屈的一方。如此一来，你就不需要去改变自己，既然你是"对的"，又何必改变呢？所以才有许多人乐此不疲，一再把注意的焦点放在别人的过失上。

不攀比的人生最自在

托尔斯泰说："幸福的家庭都是相似的，不幸的家庭各有各的不幸。"其实，岂止"不幸的家庭各有各的不幸"，幸福的家庭也同样各有各的幸福。这是因为：幸福是没有标准、无法类比的，真正的幸福更不可能是全然相同的。

现实生活中的人就像夜幕下的星星一样，都在按照自己的轨迹不停地运动。然而，对于许多人来说，他们虽然生活着，却无法找到自己的坐标系，因为他们总是参照别人的标准活着。时常有人赞叹："瞧，那家伙有一辆宝马跑车，多漂亮！"继而想："要是我能拥有一辆那样的跑车有多好！那时我该有多幸福！"住豪华别墅，开高级轿车，穿名牌时装，吃山珍海味……在许多人的心目中，这才是幸福生活的标准。

确实，许多人是把上述的这些当成了幸福的标准，并努力追求以达到这个标准。然而，当他们达到这个标准，进而享受自己认为幸福的时候，却发现自己的标准大有问题。

在我国西部的一个大山中，有两个年龄相仿的男子，石蛋和柱子。石蛋在 22 岁就结婚，很快就有一对儿女。大山中本来就清贫，成家后有了负担的石蛋，尽管日出而作、日落而息，但日子始终过得捉襟见肘。柱子见昔日快乐的单身汉石蛋过着这样的日子，不胜唏嘘。他决定终身不娶，并且远离家乡，在外面潜心做生意。最后，柱子如愿以偿，成了一名富翁。

20 多年过去了，当年的年轻人都已经成了霜染双鬓的中年人。经商在外的柱子思念家乡，就衣锦还乡了。一路上，他意气风发，感觉非常良好，心里一直想着如何炫耀自己的成功与幸福。回家以后，柱子经常走东家、串西家，在乡亲们的赞美声中感觉自己是多么幸福的一个人。直到有一天再次经过石蛋的家门，他才明白自己的幸福在石蛋面前是多么的渺小。

这是一个阳光明媚的午后，柱子依旧在村子里踱步。当他走过石蛋的家门时，听见一阵笑声——是石蛋夫妇俩在笑。好奇的柱子从门缝往里瞧：石蛋的大女儿腆着肚子回娘家，20 岁的小儿子满院抓鸡杀，鸡飞狗跳中把头上的帽子掉进了院子里的小水塘中。石蛋夫妇坐在藤椅中，一脸的幸福。

柱子忽然怀疑起自己来：我有什么？我除了钱就是钱。没有天伦之乐，没有亲情呵护……

看来，20 多年的岁月洗礼，并没有让柱子对幸福的理解有半点长进。无论是 20 年前还是 20 年后，他都仅仅根据眼里所见到的表面现象来评判幸福。殊不知，幸福更主要是一种个人的感觉。你觉得你幸福，你就幸福。不要去和别人攀比，因为每一个人对于幸福的理解都不同。拿柱子来说，他一直觉得自己做一个单身富豪的幸福，那就享受这样的幸福就行了，犯不着再去和别人比这比那。

家家都有本难念的经，每个人都会有不尽如人意的时候，也有不尽如人意的地方。对此，有的人苦恼不已，更有的人盲目羡慕别人。这两种人有一个共同的特点，那就是不懂得应该如何珍惜自己的拥有。

苦难和失败是人生的导师

有个故事说，佛陀为了消除人间的疾苦，就从人间选了100个自认为最痛苦的人，让他们把各自的痛苦写在纸上。写完后，佛陀说："现在，把你们手里的纸条相互交换一下。"这100个人交换过手里的纸条后，又都争着从别人手里抢回自己写的。

我们身边很多人看到的都是自己的痛苦和别人的快乐，却看不见别人内心深处的痛苦，更看不到自己已经拥有的快乐，所以总认为自己是不幸的。这实际上是一种偏颇的思想。当我们真正了解了别人的痛苦之后，也许就会觉得自己的痛苦微不足道了。

其实，上苍在给了我们生命的同时，也给了我们一样的天空，一样的阳光，一样的雨露，一样的土壤。我们无论行走在阳光地带，还是跋涉在沼泽泥潭，都不要抱怨什么，而要坚定地走过去，通过自己的努力去迎接幸福的到来。

一座泥像立在路边，在风吹雨打中日渐消瘦。他多么想找个地方避避风雨，然而他无法动弹，也无法呼喊。他太羡慕人类了，他觉得做一个活人真好，可以无忧无虑、自由自在地到处奔跑。他不停地向上帝祈祷，希望上帝能帮助自己变成人。

恰巧这天上帝路过此地，泥像用他内心的声音向上帝发出呼救。

"上帝，请让我变成活人吧！"泥像说。

上帝看了看泥像，微微笑了笑，然后衣袖一挥，泥像立刻变成了一个活生生的青年。

"你要想变成活人可以，但是你必须先跟我试走一下人生之路，假如你承受不了人生的痛苦，我马上可以把你还原。"上帝说。

于是，青年跟随上帝来到一个悬崖边。

只见两座悬崖遥遥相对，此崖为"生"，彼崖为"死"，中间由一条长长的铁索桥连接着。而这座铁索桥，又由一个个大大小小的铁链环组成。

"现在，请你从此岸走向彼岸吧！"上帝长袖一拂，已经将青年推上了铁索桥。

青年战战兢兢，踩着一个个大小不同的链环前行，然而一不小心，一下子跌进了一个链环之中，顿时两腿悬空，胸部被链环卡得紧紧的，几乎透不过气来。

"啊！好痛苦呀！快救命呀！"青年挥动双臂，大声呼救。

"请你自救吧。在这条路上，能够救你的，只有你自己。"上帝在前方微笑着说。

青年扭动身躯，奋力挣扎，好不容易才从这痛苦之环中挣扎出来。

"你是什么链环，为何卡得我如此痛苦?"青年愤然道。

"我是名利之环。"脚下的链环答道。

青年继续朝前走。然后，隐约间，一个绝色美女朝青年嫣然一笑，然后飘然而上，不见踪影。

青年稍一走神，脚下一滑，又跌入一个环中，被链环死死卡住。

可是四周一片寂静，没有一个人回应，没有一个人来救他。

这时，上帝再次在前方出现，他微笑着缓缓说道：

"在这条路上，没人可以救你，只有自救。"

青年拼尽全力，总算从这个环中挣扎了出来，然而他已累得精疲力竭，便坐在两个链环间小憩。

"刚才这是个什么痛苦之环呢?"青年想。

"我是美色链环。"脚下的链环答道。

经过一阵轻松的休息后，青年顿觉神清气爽，心中充满幸福愉快的感觉，他为自己终于从链环中挣扎出来而庆幸。

青年继续向前赶路。然而料想不到的是，他接着又掉进了欲望的链环、妒忌的链环、仇恨的链环……待他从这一个个痛苦之环中挣扎出来，青年已经完全疲惫不堪了。抬头望望，前面还有漫长的一段路，他再也没有勇气走下去了。

"上帝！我不想再走了，你还是带我回到原来的地方吧。"青年呼唤着。

上帝出现了，他长袖一挥，青年便回到了路边。

"人生虽然有许多痛苦，但也有战胜痛苦之后的欢乐和轻松，你真的愿意放弃人生吗？"上帝问道。

"人生之路痛苦太多，欢乐和愉快太短暂太少了，我决定放弃成为活人，还原为泥像。"青年毫不犹豫。

上帝长袖一挥，青年又还原为一尊泥像。

"我从此再也不必承受人世的痛苦了。"泥像想。

然而不久，泥像便被一场大雨冲成一堆烂泥。

人生路上痛苦与快乐必然形影相随。人活着，又无法任意选择，有谁能说我只要快乐，不要痛苦呢？勇敢地承担苦痛，坦然地享受快乐这才是人生之要义。没有痛苦，快乐也是不完整的。

不与得不到的事情较真儿

德国悲观主义哲学家叔本华曾说过一句并不悲观的话："我们很少去想已经有了的东西，但却念念不忘得不到的东西。"这句话足以发人深省。

我们当中大多数人似乎都是这样，依循既有的模式活着——年轻时，希望考上好学校，找到好工作，再结婚生子、买车子、买房子，然后等一切都达到了，又期待有更高的职位，更豪华的房子……满脑子都想着赚更多的钱、过更好的生活，添加更多的行头。

而有些人每天所面临最大的困扰，居然是该穿哪一件衣服外出。一早起来，就烦心："我到底该穿哪一件衣服呢？黄的、红的、紫的？穿圆领、V 字领……"总觉得满满当当的衣柜里似乎永远都欠缺着那么一件"刚好可以"搭配的衣服。

其实，你已经拥有那么多了，而你的心却不在已经拥有的东西上。你的心一直在找寻那些没有的。结果，你越是去想自己所欠缺的，就越发沮丧，而越沮丧就越会去想欠缺的——于是你变得不满，总是抱怨，而没有尽头。

表面上，你是在追求幸福，但其实是在找不幸。追寻幸福最大的障碍，即是期望过大的幸福。

亚伯拉罕·林肯曾说过一个非常动人的故事。有个铁匠把一根长长的铁条插进炭火中烧得通红，然后放在铁砧上敲打，希望把它打成一把锋利的剑。但打成之后，他觉得很不满意，又把剑送进炭火中烧得透红，取出后再打扁一点，希望它能做种花的工具，但结果亦不如意。就这样，他反复把铁条打造成各种工具，却全都失败了。最后，他从炭火中拿出火红的铁条，茫茫然不知如何处理。在无计可施的情形下，他把铁条插入水桶中，在一阵嘶嘶声响后说：

"唉！起码我也能用根铁条弄出嘶嘶的声音。"

如果我们都有故事中铁匠的心胸，能适当调整自己的期望值，还有什么失败和挫折能够伤害我们呢？

安徒生有一则名为《老头子总是不会错》的童话故事。

有一对清贫的老夫妇，有一天他们想把家中唯一值点钱的一匹马拉到市场上去换点更有用的东西。老头牵着马去赶集了，他先与人换得一头母牛，又用母牛去换了一只羊，再用羊换来一只肥鹅，又把鹅换成了母鸡，最后用母鸡换了别人的一口袋烂苹果。

在每次交换中，他都想着要给老伴一个惊喜。

当他扛着一大袋子烂苹果来到一家小酒店歇息时，遇上两个英国人。闲聊中他谈了自己赶集的经过，两个英国人听后哈哈大笑，说他回去准得挨老婆子一顿揍。老头子坚称绝对不会，英国人就用一袋金币打赌，于是，两个英国人和老人一起回到老头的家中。

老太婆见老头子回来了，非常高兴，她兴奋地听着老头子讲赶集的经过。每听老头子讲到用一种东西换了另一种东西时，她都充满了对老头的钦佩。

她嘴里不时地说着："哦，我们有牛奶喝了！"

"羊奶也同样好喝。"

"哦，鹅毛多漂亮！"

"哦，我们有鸡蛋吃了！"

最后听到老头子背回一袋有点腐烂的苹果时，她同样不愠不恼，大声说："那我们今晚就可以吃到苹果馅饼了！"

结果，英国人输掉了一袋金币。

从这个故事中我们可以领悟到：不要为失去的一匹马而惋惜或埋怨生活，既然有一袋烂苹果，就做一些苹果馅饼好了。适时调整、降低自己的期望值，生活就会妙趣横生、和美幸福，而且只有这样，你才有可能获得意外的收获。

学会寻找快乐

享受心中的快乐和幸福，实在是没有一个固定的模式，到底是怎样生活才算快乐？乞讨或挨饿的人，一顿粗茶淡饭就是美味佳肴了，而养尊处优的人或许反倒食欲不佳。在骄阳下耕作的农民，到田头树荫下喝杯茶吸口烟，就是莫大的享受。终日坐在书斋中苦读的疲倦书生是想依靠在床头假寐一会儿，而病卧床榻的人则希求能到花园里散步或能在运动场上跑步。

明朝大文学家金圣叹在《西厢记》的批语中，曾写下他觉得最快乐的时刻，这是他和他的朋友于十日的阴雨连绵中，住在一所庙宇里写出来的，一共有三十三则，每则的结尾都有"不亦快哉"的感叹。在这些快乐时刻中，可以说是精神和感官紧密联系在一起的。下面选录几则：

其一：夏七月，赤日经天，既无风，亦无云；前庭赫然如烘炉，无一鸟敢来飞。汗出遍身，纵横成渠。置饭于前，不可得吃。呼簟欲卧地上，则地湿如膏，苍蝇又来缘颈附鼻，驱之不去。正莫可如何，忽然天黑如车轴，澎湃之声，如数百万金鼓，檐溜浩于瀑布。身汗顿收，地燥如扫，苍蝇尽去，饭便得吃。不亦快哉！

其一：空斋独坐，正思夜来床头鼠耗可恼，不知其戛戛者是损我何器，嗤嗤者是裂我何书。心中困惑，其理莫措，忽见一狻猫，注目摇尾，似有所睹，敛声屏息，少复得之。则疾起如风，窒然一声，而此物竟去矣。不亦快哉！

其一：街行见两汉执争一理，皆目裂颈赤，如不共戴天，而又高拱手，低曲腰，满口仍用"者也之乎"等字。其语刺刺，势将连年不休。忽有壮夫掉臂行来，振威从中一喝而解，不亦快哉！

其一：子弟背书烂熟，如瓶中泄水，不亦快哉！

其一：饭后无事，入市闲行，见有小物，戏复买之，买亦成矣，所差者甚少，而市儿苦争，必不相饶。便掏袖中一件，其轻重与前直相上下者，掷而与之。市儿忽改容，拱手连称不敢。不亦快哉！

其一：朝眼初觉，似闻家人叹息之声，言某人夜来已死，急呼而讯之，正是一城中第一绝有心计人。不亦快哉！

其一：重阴匝月，如醉如病，朝眼不起。忽闻众鸟尽作弄晴之声，急引手搴帷，推窗视之，日光晶莹，林木如洗。不亦快哉！

其一：久欲为比丘，苦不得公然吃肉。若许为比丘，又得公然吃肉，则夏月以热汤快刀，净割头发。不亦快哉！

其一：存得三四癫疮于私处，时呼热汤关门澡之。不亦快哉！

其一：坐小船，遇利风，苦不得张帆，一快其心。忽逢疾行如风。试伸挽钩，聊复挽之，不意挽之便着，因取缆缆其尾，口中高吟老杜"青惜峰峦，共知橘柚"之句，极大笑乐。不亦快哉！

其一：冬夜饮酒，转复寒甚，推窗试看，雪大如手，已积三四寸矣。不亦快哉！

其一：久客得归，望见郭门，两岸童妇，挥臂作故乡之声。不亦快哉！

其一：推纸窗放蜂出去，不亦快哉！

其一：作县官，每日打鼓退堂时，不亦快哉！

其一：看人风筝断，不亦快哉！

其一：看野烧，不亦快哉！

其一：还债毕，不亦快哉！

世界上从来不缺少美，只缺少发现美的眼及品味快乐的心。幸福也是一种美，要看你发现的能力。看完金圣叹的"不亦快哉"，我现在也感到了"快哉"。看来，"快哉"其实无处不在。

最后，再来"八卦"一下金圣叹的临终轶事。顺治十八年（1661），清世祖亡。趁巡抚朱国治等官员吊丧之机，金圣叹与当地百余士人鸣钟击鼓，在文庙哭诉吴县知县任维初乱摊派赋税、乱罚款的劣迹。这位贪官，把裂开的大毛竹泡在尿里，用来痛打拖欠税的人，曾当场打死过人。他还监守自盗，盗卖仓库的粮米。

当然，官官相护的罗网中，知县不那么容易被告倒。这个行动反而令金圣叹背上了"大不敬"和"反叛"两项死罪。是年，金圣叹五十四岁。在大牢中，他写下遗书托狱卒带给家人。狱卒拿了信交给知县，知县怀疑其中有重要的信息，于是打开过目，只见上面写道："字付大儿看，盐菜与黄豆同食，大有胡桃滋味。此法一传，我无遗憾矣。"狠狠地戏弄了知县一番。一个时辰后，金圣叹被绑缚刑场斩决。据同时略晚的清代作家柳春浦《聊斋续编》卷四记载：金圣叹临终前饮酒自若，且饮且言曰"割头痛事也，饮酒快事也，割头而先饮酒，痛快！痛快！"等刽子手刀起头落，从金圣叹耳朵里竟然滚出两个纸团。刽子手疑惑地打开一看：一个是"好"字，另一个是"疼"字。

享受"苦难"，奋力奔跑

李叔同（1880～1942），也就是后来的弘一法师。年轻人可能不知此人是谁，但你若是会唱那首脍炙人口的《送别》，"长亭外，古道边，芳草碧连天……"便可知这首大名鼎鼎的《送别》就是李叔同先生的杰作。李叔同是一个传奇，他集诗、词、书画、金石、音乐、戏剧、文学、哲学于一身，是这些领域里的佼佼者。

李叔同在38岁那年，从风光八面的文化名流转而皈依佛门，成为弘一法师。从世俗的富贵绚丽归于脱俗的清贫平淡，弘一法师没有丝毫"吃苦"的流露。夏丏尊先生在一篇题为《生活的艺术》的散文中，记载了他与弘一法师（李叔同）的一段交往，文章不长，内涵却意味深长。现摘录如下：

新近因了某种因缘，和好友弘一和尚（在家时姓李，字叔同）聚居了好几日。和尚未出家时，曾是国内艺术界的先辈，披剃以后，专心念佛，见人也但劝念佛，不消说，艺术上的话是不谈起了的。可是我在这几日的观察中，却深深地受到了艺术的刺激。

他这次从温州来宁波，原预备到了南京再往安徽九华山去的。因为江浙开战，交通有阻，就在宁波暂止，挂褡于七塔寺。我得知就去望他。云水堂中住着四五十个游方僧。铺有两层，是统舱式的，他住在下层，见了我笑容招呼，和我在廊下板凳上坐了，说："到宁波三日了。前两日是住在某某旅馆（小旅馆）里的。"

"那家旅馆不十分清爽罢。"我说。

"很好！臭虫也不多，不过两三只。主人待我非常客气呢！"

他又和我说了些轮船统舱中茶房怎样待他和善，在此地挂褡怎样舒服等等的话。

　　我惘然了。继而邀他明日同往白马湖去小住几日，他初说再看机会，及我坚请，他也就欣然答应。行李很是简单，铺盖竟是用破的席子包的。到了白马湖后，在春社里替他打扫了房间，他将席珍重地铺在床上，摊开了被，再把衣服卷了几件作枕，拿出黑而且破得不堪的毛巾走到湖边洗面去。

　　"这手巾太破了，替你换一条好吗？"我忍不住了。

　　"哪里！还好用的，和新的也差不多。"他把那破手巾郑重地张开来给我看，表示还不十分破旧。

　　他是过午不食的。第二日未到午，我送了饭和两碗素菜去（他坚说只要一碗的，我勉强再加了一碗），在旁坐着陪他。碗里所有的原只是些莱菔白菜之类，可是在他却几乎是要变色而作的盛馔，满怀喜悦地把饭划入口里，郑重地用筷夹起一块莱菔来的那种了不得的神情，我见了几乎要下欢喜惭愧之泪了！

　　第二日，有另一位朋友送了四样菜来斋他，我也同席。其中有一碗咸得非常的，我说："这太咸了！"

　　"好的！咸的也有咸的滋味，也好的！"

　　在他，世间竟没有不好的东西，一切都好，小旅馆好，统舱好，挂褡好，破的席子好，破旧的手巾好，白菜好，莱菔好，咸苦的蔬菜好，跑路好，什么都有味，什么都了不得。

　　这是何等的风光啊！宗教上的话且不说，琐屑的日常生活到此境界，不是所谓生活的艺术化了吗？人家说他在受苦，我却要说他是享乐。当见他吃莱菔白菜时那种愉悦的光景，我想：莱菔白菜的全滋味、真滋味，怕要算他才能如实尝得了。对于一切事物，不为因袭的成见所缚，都还他一个本来面目，如实观照领略，这才是真解脱，真享乐。

　　也许，要凡人如你我等完全做到"跳出三界外、不在五行中"不太现实，如李叔同般皈依佛门我们更难以学习，但他对于世俗中所谓的"苦"的达观与享受，却是非常值得我们学习。

第二章
不要盲目追求成功

现在几乎是一个膜拜"成功"的时代。不少人像着了魔似的念叨着:"我一定要成功、我一定能成功!"各种成功学也应运而生、推波助澜:开发潜能、增强自信、拓展人脉、注重细节、提高口才、主动推销、持续充电……我们用尽了所有的方法和词汇,来表达迫切成功的心情。

追求成功并没有什么错,人活一世,就应该努力实现自己的最大价值。只是,当催你冲向成功的鼓点在你耳边响起,你是否想过应该对自己问上一句:什么叫成功?——有钱?有权?有名?还是什么?

成功不是生活的负累

让珊珊永远也忘不了的，是她上三年级时学校排戏时，她被选定扮演剧中的公主。接连几周，妈妈都煞费苦心地跟她一道练习台词。可是，无论她在家里表达得多么自如，一站到舞台上，她头脑里的词句全都无影无踪了。

最后，老师只好叫珊珊靠边站。她解释说，她为这出戏补写了一个旁白者的角色，请她调换一下角色。虽然她的话挺亲切婉转，但还是深深地刺痛了珊珊——尤其是看到原先由自己扮演的角色让给另一个女孩的时候。

那天回家吃完午饭后，珊珊没把发生的事情告诉妈妈，不过，细心的妈妈却觉察到了她的不安，没有再提议她们练台词，而是问她是否想到院子里走走。

那是一个明媚的春日，棚架上的蔷薇正泛出亮丽的新绿。珊珊瞥见妈妈在一棵蒲公英前弯下腰。"我想我得把这些杂草统统拔掉。"妈妈说着，用力将它连根拔起，"从现在起，咱们这庭园里就只有蔷薇了。"

"可我喜欢蒲公英，"珊珊抗议道，"所有的花儿都是美丽的，哪怕是蒲公英！"

妈妈表情严肃地打量着她，"对呀，每一朵花儿都以自己的风姿给人愉悦，不是吗?"

珊珊点点头，高兴自己战胜了妈妈。

"对人来说也是如此。"妈妈又补充道，"不可能人人都当公主，但那并不值得羞愧。"

珊珊想妈妈猜到了自己的痛苦，她一边告诉妈妈发生了什么事，一边失声哭泣起来。妈妈听后释然一笑："但是，你将成为一个出色的旁白者。"妈妈说，并提醒珊珊自己是如何爱听她朗读故事。"旁白者的角色跟公主的角色一样重要。"

一定要站在舞台的中央，一定要在镁光灯的聚焦中，才算一个"成功人士"吗？世界的舞台很大，中心的位置却很小，大多数人任凭怎么削尖脑袋也挤不进去，不甘心、不服气、不平衡……种种负面情绪如杂草般从心中长出，想不开，放不下，因此焦虑不堪、痛苦异常。

这些焦虑不堪的人，缺少的就是一种对"平凡"的承认与尊重。他们不能忍受平凡的工作，他们以为做人就应该活得光光彩彩、轰轰烈烈，却不知道，平凡中孕育着伟大，伟大存在于平凡之中。

钱、权、名声是财富，快乐与身心健康同样是财富，而世俗的成功，往往过于注重前者而忽略了后者。我们为世俗的成功付出太多了，足可以列出一个长长的清单：精力、体力、时间、健康、亲情甚至爱情……

有多少与我们生活中有关幸福的元素，在"成功"的借口中被我们忽视、漠视、摈弃。《史记》中云："利令智昏"，一个人为了"利"，最容易丧失自己的理智而做出蠢事，把自己推进泥潭。而世俗的成功，无一不与"利"有关，就这样，所谓的"成功"变质成了一味毒药毒害幸福的肌理，而我们却欲罢不能。

系有黄金的鸟不能自由地飞翔，物化的成功最容易成你心灵的负累。我们应该拒绝的是平庸，却应当允许自己平凡。拥有一颗平常心，我们就可以看清很多人和事的本来面目，使我们不再急功近利，不再忧心忡忡，那样，做起事来必然沉得住气，耐得住心，有条不紊地一步一个脚印，这反而更容易走向成功。

当然，这里所说的平常心，并非就是拒绝成长，拒绝雄心。过分地淡泊名利、克制欲望并不值得提倡。《菜根谭》中有云：淡泊是高风，太枯则无以济人利物。大意是说，把功名利禄都看得淡本是一种高尚的情操，但是过分清心寡欲而冷漠，对社会大众也就不会有什么贡献了。可以这样说，人类正是因为有了雄心壮志，才学会直立行走，才从昔日的刀耕火种发展到今天的九天揽月。

　　那么，如何做到既有雄心又不被这种雄心所累？——"以出世的态度做人，以入世的态度做事。"这句话是从著名的美学家朱光潜的一篇文章中提炼出来的。朱光潜在一篇文章中提到了两种人生态度："绝世而不绝我"和"绝我而不绝世"。他指出理想的人生态度应是"以出世的精神做人世的事业"。朱先生的文章写于80多年前，但历史的灰尘终掩盖不住其深邃的思想。

　　人生之旅，难免坎坷重重，这时我们要以超然的态度去对待，这就是所谓的出世。生而为人，要做事谋生，积极主动地用有限的人生去造就更大的辉煌，这就是所谓的入世。出世与入世的态度聚于一身，看似矛盾，其实却是一种矛盾的统一，是一种互补，一种和谐的关系。"以出世的态度做人"主要指的是人的心态，是一种做事之外的超然的态度。"以入世的态度做事"是指人的行动。二者不可偏废，更不能颠倒。

正确理解成功的定义和标准

　　小男孩阿里参加跑步比赛，得了第一名。当老师和同学们欣喜若狂地迎上来祝贺阿里时，阿里居然难过得流下了眼泪。是的，他的眼泪是难过的眼泪，而不是欣喜的眼泪，因为，阿里只想得第三名。

　　而阿里之所以只想得第三名，是因为第三名的奖品是他所梦寐以求的东西———一双很普通的鞋子。阿里想把这双鞋子送给妹妹，好让妹妹每天可以穿着它，不用再光着脚上学。

　　但阿里还是没有获得第三名。他因为被别人推倒在地，情急之下爬起来就往前冲，却不小心第一个冲过了终点。

　　阿里坐在地上难过地痛哭。尽管他的第一名很光彩，奖品也比第三名更丰厚，但他没有帮妹妹赢得一双鞋子。不仅他的妹妹没有鞋子，阿里自己仅有的一双鞋子也在比赛中跑坏了。

　　这是伊朗电影《天堂的孩子》里的故事。看到这里，真是让人心里如打翻了五味瓶。小阿里的梦想很简单，仅仅是想得到一双普通的鞋子。实现这个梦想对于他来说并不难，但不幸他跑得太快。尽管他得到的貌似更多，但他并没有成功的感觉，因为他得到的不是他所需要的。

　　现实生活中有多少人，在人生的跑道上获得了他所不愿得到的奖品，他们或许并没有被别人推倒在地而慌不择路，他们只是被"第一名"所迷惑了眼睛。

　　很多人都在为成功奋力地奔跑，却鲜有人仔细考虑过什么叫成功。到底什么叫"成功"呢？在《羊皮卷》里对于成功是这样说的：成功有两种，一种是别人认为你成功，另一种是你自己认为自己成功。那么哪一种最重要呢？我想单纯作为一个问题来问的话，所有的人都会回答是"自己认为自己成功"最重要。遗憾的是，真正能这样想并这样做的人并不多。

　　既然生活在社会中，很容易被外界的诱惑干扰自己的心灵。我们常常可以看到一类人，他们总是跟着潮流走。看见"海归"光鲜，就削尖脑袋考托福；看见商人显赫，就下海经商……忙忙碌碌，其实并没有想自己究竟想要得到的是什么？

　　结果，费尽力气得来的"成功"，捧在手里却发觉并不是自己所需要的，那将是一种多么大的失败！

成功是让自己感到幸福

我的一个同学，他高中毕业后就在内地的小镇里顶替退休父亲的职位，做了一名送信送报的邮递员，临时工的身份，拿着一千左右的月薪。而我却远赴异地打拼，忽而南下广州、忽而北上北京，把日子过得忙碌而紧张。我在看似波澜壮阔中描画着自己前程的图画，他却在平静如水的平淡生活中享受着他的宁静与安逸。

每次回老家，我都能看见他骑着单车慢悠悠地在镇子里穿梭，口里吹着轻快的口哨。他娶了一个从各方面看都很平常的妻子，有一个可爱的女儿。他的日子千篇一律、乏善可陈。我曾经一度不屑于他的平淡，甚至认为他没有出息。后来我才慢慢地明白，他其实是一个很成功的人。尽管他的身上没有贴着"钱、权、名"的"成功"标签，但他得到了他想要的生活。他想要的就是这种平淡的生活，他得到了自己所想要的并享受着自己的得到，所以他是一个成功的人。

人不是因为有了成功而幸福，而是因为感觉幸福才觉得成功。当很多人被成功的"榜样"和励志的"导师"蛊惑着踏上漫漫追求"成功"的征途时，是否想到过为自己的幸福感而设计过人生？

在2007年10月24日的《重庆晚报》上，有一则题为《香港导演余积廉隐居重庆小镇9年卖面条》的新闻。余积廉原是香港的知名导演、独立制片人，却隐居在重庆北碚一个偏远小镇卖小碗面。他说自己在演艺圈摸爬滚打30多年，辉煌过后只有一个感觉——累。累过之后，他开始思考什么是幸福，开始懵懵懂懂地寻找幸福。最后，他发现，幸福，其实就是平凡、简单和自然。以下摘录新闻中的几段，让我们也来体会一下余积廉的幸福——

第一次走进田间地头，余积廉觉得到处都稀奇："老婆，茄子居然不是长在土里的；米原来是长在水里的……"3年前，一只流浪小狗跑到面馆前，余积廉收留了它，取名"Lucky（好运）"——这是小镇上唯一一只用英文命名的小狗。每天，余积廉走到哪，Lucky 就跟到哪。

早上，余积廉起床后的第一件事，就是到楼下的葛藤树下打拳："每次我都感觉周围的树和空气在跟着我动。"当导演时，为拍好动作片，他专程到北京找了一位形意拳大师，学了些真功夫。现在，这点皮毛功夫竟让他成为这个小镇的"武林高手"。

绘画、写作和下象棋，是他闲时最大的爱好。"我作画，老婆在一旁看，幸福其实很简单。"

窗户对面有座小山，当地人称凤凰湾。每天，夫妻俩都要提着几个塑料桶，爬上山顶，那里有一股泉眼。"她挑，我背，一路幸福……"小镇有自来水，但他们不喝，用山泉泡普洱茶，是余积廉的最爱。"我以前有胃病，现在基本好了。"他将功劳全归于凤凰湾的泉水。"安逸惨了！"不自觉地，他冒出一句地道的重庆话。

这样悠闲地过了一段时间，其妻蒋雪梅提出开家面馆。"我们不缺钱，但得有事做，这样会更充实些。"后来，他们买下一个门面，开始卖小面，每月可挣 1000 多元。

谁敢说知名导演余积廉的"潦倒"不是一种成功？

所以，从现在开始，少谈些成功，多思考些幸福。就像那个吹着口哨的邮递员，或叫卖面条的余积廉。他感觉很幸福。感觉幸福，就是最真实的成功！

幸福没有永远不变的标准，没有谁能说清楚有了多少钱、有了多少权才算是得到了幸福，更没有人能说清楚有多少亲人、有多少儿女、有多少朋友算是得到了幸福，也没有人能说清楚拥有多少感情才算是得到了幸福……幸福是纯粹的个人感受，它永远没有统一的标准。但它又并非远不可及、高不可攀，它是那么寻常、那么平易近人。每个人都可以得到幸福，只要你心中有幸福的种子。

也许，只有狠下心来，和世俗的成功说拜拜，我们才能心平气和地去经营心中那块荒芜已久的幸福田园，让幸福之花彻底开放！

每个人都有自己的成功之路

传说中的成功人士，锦衣玉食不必多谈，香车宝马应有尽有，拥香揽玉快活似仙。事情真的是这样吗？

在莱茵河畔，一位青年正垂头丧气地来回走动着，他心烦意乱，真想跑进河里一死了之。正在这时，一位牧师经过他的身边，停下来问道："小伙子，你有心事吗？"

青年深深地叹了口气说："我叫莱恩，但上帝从来没给我带来恩赐，我年近30，仍然一事无成，一文不识，家里还有个叫人看了就别扭的黄脸婆，这样的日子我真受够了。"牧师听了微笑着问道："莱恩先生，那么你的理想是什么呢？说出来，看看我能不能帮你实现。"莱恩说："我曾经有三个理想，做像怀特那样的超级大富豪，做像斯皮尔那样的高官，如果这两个不能实现，那么我想娶布雷丝那样的漂亮女人做妻子。"牧师笑着说："莱恩，这很容易，你跟我来吧！"说罢，转身就走。青年大喜过望，紧跟其后。

牧师先领着莱恩来到世界超级富翁怀特的豪宅。这位富翁因为不惜牺牲自己的健康追求财富，最终病倒了，此时正躺在床上大声地咳嗽，脸色蜡黄，面前的金盆里是他刚吐过的带血丝的痰。莱恩看了十分恶心，不由掉转了身子。牧师对莱恩说："我们再去拜访一下议长斯皮尔吧！"

两人又来到斯皮尔的官邸，只见他身边围着几个人，显然是保镖。斯皮尔吃饭，保镖先尝；斯皮尔睡觉，保镖都瞪大了眼睛盯着他；就是斯皮尔上厕所，他们也在马桶旁蹲着。政敌很多，稍不注意就要惨遭黑手。莱恩叹了口气，失望地说："那他和蹲监狱有什么两样？"牧师无奈地摇摇头说："我们再去看看当代最红、最性感的女明星布蕾丝吧。"说着，他领着莱恩来到了布蕾丝的家里。

布蕾丝正冲一位菲佣大发脾气，她甚至拿起手里燃着的烟头朝用人身上烫，佣人的皮肤很快就起了泡。布蕾丝折磨完用人，要回房睡觉了，这时一个女佣走进来对她说："小姐，伯格先生求见。"布蕾丝眼皮抬也不抬地吩咐道："叫他给我滚出去，我已经和他离婚了，与他什么关系也没有了。"用人小心地答应着要退出去，布蕾丝又说："顺便带个信儿给他，明天我就要和我的第12任丈夫结婚了，他有兴趣的话，可以来参加我们的婚礼。"说完，"啪"的一声关上了房门。莱恩看得目瞪口呆。

从布蕾丝家出来后，牧师问莱恩："小伙子，三个理想，你随便挑一个，我都可以帮你实现。"莱恩想了一会儿，说："不，牧师，其实我什么也不缺，与怀特先生相比，我有着他用所有金钱都买不来的健康；与斯皮尔先生相比，我有他没有的自由；至于布蕾丝嘛，我老婆可比她贤淑善良多了……"牧师满意地伸出手来和莱恩相握，莱恩满脸笑意，一抹温暖的阳光洒在他的身上。

如果说以上的故事还不足以说明所谓的"成功"与幸福无关的话，那么我们只要看曾经一度在"成功"舞台上大放异彩的人士，有多少死于自杀就知道"成功"与"幸福"的无关了。影星、歌星、企业家、高官……他们自杀的新闻还少吗？他们在世人的眼里可都是成功人士呀！但毫无疑问，他们并没有因为成功而幸福，否则，他们的自杀也就无法解释了。

尽管玛丽莲·梦露已经去世40多年了，但一提起她的大名，在全球至今仍是妇孺皆知。梦露在20世纪50年代至60年代初，红透了整个好莱坞。1962年8月，36岁的梦露离开了人世。梦露之死震惊全球，官方结论是"因不堪忍受演艺圈的压力而自杀身亡"。民间的版本还有他杀说和猝死说，但不论是哪种版本更接近真相，梦露这个在孤儿院长大的女人，并没有因为成名而过上幸福的日子。梦露的闺中好友曾这样回忆她——

有一次梦露和她去海边度假，在起床时，因看到梦露在窗前看日出的美妙身影，她情不自禁地说："我愿意牺牲一切变成你。"梦露转过身，惶恐地说："不，不，我愿意牺牲一切变成你。"

一直以为，只要我们成功就幸福了，而在没有成功之前，所有的汗水与泪水，都是为了成功那天的欢乐而必须付出的代价。而真的等我们在历经千辛万苦到达成功彼岸时，我们还能抓到幸福的臂膀吗？

看看，连声名显赫、日进斗金、拥有美丽的梦露，也有她难以应付的哀愁与烦恼。当然，编者列举了种种成功人士的烦恼甚至不幸，并不是想证明"成功"是不幸的制造商，而是想指出"成功"不一定都能够带来幸福。家家有本难念的经，不要指望世俗的"成功"能给你带来幸福，帮你解决一切烦恼。没有世俗的"成功"，你照样可以幸福。

金钱不是衡量成功的唯一标准

退休了的拉齐奥在乡间买下一座宅院，打算安度晚年。不幸的是，在这宅院的庭院里，有一株果实累累的大苹果树。邻近的顽童，几乎是夜以继日地来拜访这株苹果树，顺手带来的礼物则不外乎是石头或棍棒。

想安静的拉齐奥，常在玻璃被击破或不堪喧闹之扰时，走到庭院中驱赶树上或园中的顽童，而顽童回报拉齐奥的，则是无数的嘲弄及辱骂。

拉齐奥在不堪其扰之余，想出一条妙计。

有一天，当他如往常一样，面对满园的顽童时，他告诉孩子们，从明天起，他欢迎顽童们来玩，同时在他们要离去前，还可以到屋子里向拉齐奥领取 1 美元的零用钱。

孩子们大乐，如往常一样地砸苹果，戏弄拉齐奥，同时又多了一笔小小的零用钱收入，天天来园中玩得乐不思蜀。

一个星期过去后，拉齐奥告诉孩子们，以后每天只有 0.5 美元的零用钱，顽童们虽然有些不悦，但仍能接受，还是每天都来玩耍。

又过了一个星期，拉齐奥将零用钱改成每天只有 0.1 美元。

孩子们愤愤不平，群起抗议："哪有这种工作，钱越领越少，我们不干了，以后再也不来了。"

从此拉齐奥的庭院恢复了往日的幽静，苹果树依然果实累累，不再遭受摧残。

同样是恶作剧，在没有任何酬劳时，小孩子们一个个玩得兴高采烈。而一旦涉及报酬，小孩们的心里就发生了微妙变化：从"我要做"到"要我做"。于是，在报酬由多变少之后，孩子们终于不愿意"帮别人做事"了。故事中的老人，真是一个深知人性的大师。

人一掉进钱眼里，就会丧失原本的爽朗心情。其实，钱并非万能（当然没有钱万万不能）。

下面是网上流传很广的一些箴言，摘录下来与大家一起分享：

钱可以买到"房屋"，

但买不到"家"；

钱可以买到"性"，

但买不到"爱情"；

钱可以买到"药物"，

但买不到"健康"；

钱可以买到"美食"，

但买不到"食欲"；

钱可以买到"床"，

但买不到"睡眠"；

钱可以买到"珍贵首饰"，

但买不到"美"；

钱可以买到"娱乐"，

但买不到"快乐"；

钱可以买到"伙伴"，

但买不到"朋友"；

钱可以买到"书籍"，

但买不到"文化"；

钱可以买到"服从"，

但买不到"忠诚"。

看了以上对于"钱"的认识与感悟，读者朋友，你能否对"钱"想开一点，放下一些？

盲目攀比，有害无益

当很多人都住在茅草房中时，一个有瓦房的人"很成功"。而当大家都住上小洋楼时，那一栋瓦房就没有了"成功"的感觉。这说明所谓的"成功"，在一定程度上是来自于比较，是与周边人之间的比较。比大多数人要有钱，或有权有名声，那就是成功；反之，则不成功。

适度的比较或许无害，并且对于激发自己的干劲也有益。但过度的比较，则有害无益了。山外有山，天外有天，强中更有强中手，一味地比啊比，何时才是一个尽头？

有意思的是，不少人很少拿自己的"强"去比较别人的"弱"，却总是喜欢将眼睛朝上看，进行攀比。所谓"攀比"，不是指一般的比较，而是"攀"住别人某一点去比较，是拿自己的"无"与别人的"有"自己的"不足"和别人的"足"相比。国人历来有喜欢攀比的习惯。在同学聚会上，女同学甲和女同学乙都各自为了面子，说自己的老公如何赚钱又如何对自己好。各自回家，甲会对自己的老公说：唉，乙长得那么寒碜，怎么就命那么好，找了一个对她好得不得了的老公。乙回到家，对自己的老公说：甲上学时成绩平平，看不出有什么能耐，居然找了一个钻石王老五做老公！

尽管这个小故事是虚构的，但有谁会怀疑其真实性？不久前，一家报纸刊登了一篇题为《年轻白领"施暴"指数增高》的文章，其中写道："春节期间的聚会，让人们有了相互攀比的机会。一些人在聚会时发现不少朋友生活得比自己轻松，钱比自己挣得多，职位比自己高，于是他们感到失落、不平衡，甚至是愤怒，家庭自然成了他们发泄情绪、借题发挥的场所。"报道还称："妇联工作人员说，春节是家庭暴力的高发期，今年的'问题人群'出现新变化——年轻白领人士增多"。你看，就一个春节聚会频繁一点，人就因为攀比心理而抓狂了。俗话说：人比人，气死人，现在倒好，还打"死"人了。

人与人之间总是存在差距的，一味地攀比只会让自己陷入无边的痛苦之中。有的人总是喜欢与周围的人比，他买了房子，我却租房住。有那么一天自己也买了房子，又发现别人的房子比自己宽敞；还与周围的某某比，他家的经济收入比我家多，他的工作单位好，岗位好、工资高等。瞪大了眼珠子死盯着别人，拿自己的次、少，去比别人的好、多，心里总不愿让别人比自己强，还总想着为啥我就不能比他们地位高、收入多、住房大……这种人活着才真叫累，处心积虑地想要事事比别人的好，绞尽了脑汁，费尽了心机，又伤脑，又烦心，最终结果还是难以如意。

有则小故事，说的是癞蛤蟆看见牯牛走近来吃草，下定决心要尽最大的力量来赛过牯牛的庞大。

这只生性爱嫉妒的癞蛤蟆开始用足狠劲鼓着气，胀起肚子。

"喂，亲爱的青蛙，告诉我，我跟牯牛一般儿大吗？"它问它的同类。

同类老老实实地回答："不，亲爱的，差得远哩！"

"你再瞧瞧，瞧得仔细点儿，说得明白点儿。哎，现在怎么样？我现在鼓得够大的了吧！"癞蛤蟆又问。

同伴说："我看还是差了不少。"

"那么——现在呢？"

"跟先前一模一样啊。"

癞蛤蟆始终赶不上牯牛的庞大，但它的狂妄企图却超过了上天赋予它所能承受的极限，结果用力太猛，"啪"地胀破了肚皮而一命呜呼。

不自量力的攀比，这个癞蛤蟆不是第一个，也不是最后一个。就像你我常见到的那样，在我们的生活中总是有人不自觉地充当着那只不自量力的癞蛤蟆的角色。

攀比其实就是一味残害心灵的毒品。一则山外有山，天外有天，一味地攀比，你永远也没有一个尽头。比钱多，你能比过比尔·盖茨？就算你比过了他，还有比他有权的呢？你怎么比？难道要成为无所不能的上帝？二则尺有所短，寸有所长。或许在你羡慕别人有钱的时候，别人正在羡慕你的悠闲，羡慕你的家庭和睦呢？

选择适合自己的工作

人们惯于以工作的性质来区分"成功"与否。北大才子陆步轩卖猪肉的事，曾一度被人所讥讽。照人们的理解，北大才子再不怎么样，至少要到中关村卖电脑才符合身份，各校大学生当屠夫卖猪肉，实在是大煞风景。

其实，所有的正当合法的工作，都是神圣的，没有高低贵贱之分。除非你自己看不起自己，没有人能够看不起你。

有一个爱丁堡的新牧师开始探访会友，他来到一个补鞋匠的店铺。

牧师高谈阔论，补鞋匠对牧师的言语颇不以为然，适时插了几句话。

牧师感到有点恼怒，无不讥讽地说："你实在不应该修鞋了，凭你思想的层次、反应的敏锐，不应当从事这种低贱的工作。"

补鞋匠说："先生，请收回你的话。"

"为什么?"

"我绝不是从事低贱的工作，你看见边上那双鞋子了吗?"

"我看到了。"

"那是寡妇史密斯的儿子的鞋子。她丈夫在夏天去世，她也几乎随他死去. 但她为这个儿子而活。她的儿子找到送报的差事，勉强维持家计。"

"然而坏天气不久就要来临，上帝问我说：'你愿意为寡妇史密斯的儿子修补鞋子吗? 免得他在严冬感染肺炎而死。'我回答：'我愿意。'"

"牧师先生，你在上帝的指引下传道，而我却在上帝的指引下为人补鞋。当我们都到了天堂时，我相信，你和我都会听到相同的嘉许：'你这又忠心又善良的仆人……'"

相信人们依然会记得夏洛蒂·勃朗特的长篇小说中那个平凡的女教师简·爱——如平凡的我们。她所追求的就是人与人之间的平等。实际上是从事各种行业的人都应该有的一种自我感，如果对自我都不珍视，那我们还会珍视什么？又能珍视什么？

值得指出的是：我们说工作没有高低贵贱之分，并不是鼓励你没有任何上进与追求。只是，你上进的动力不要定位在"我的工作太低贱"。如果以此为理由，你将可能永远活在"低贱"的阴影之中，即使你获得了梦寐以求的"高尚"工作，很快你就会发现还有更"高尚"的，而你仍然处在"卑贱、低微"中。

第三章
换个角度，换种人生

　　我们每天面对层出不穷的矛盾和变化，是刻舟求剑以不变应万变，还是采取灵活机动的变通方式，这是我们要确立的一种做事的态度。实践证明，要想进退自如、成就一番大事业，就要因地制宜，学会随机应变，不要死守规矩不放。一件事情不止有一种做法，一句话不止有一种表达方式。我们只要掌握了变通之道，就能应对各种变化，在变化中寻找到机会，在变化中取得成功。

永远不要丧失希望

人生有快乐，也有苦闷；有浪漫，也有忧伤。当你对世界充满期待时，现实却如残忍嗜血的老狗，把你的梦想啃得千疮百孔，让你失望，让你消沉，甚至让你绝望。面对现实和理想的矛盾，如何解决？

唐代"诗圣"李白，才高八斗却在仕途上屡屡失意。在他人生最困顿的时候，他写下了千古名篇《行路难》，里面有一句脍炙人口的名句："长风破浪会有时，直挂云帆济沧海。"这句诗体现了作者相信未来，誓为理想而奋争的雄心壮志。一位笔名叫食指的诗人也曾用同样的信念与激情，写下了《相信未来》的激情之作。

人一旦相信未来，就会在一个更为宽广的时间长度里审视每一个苦难。纵是今日看似山一样沉重是"绝望"，在时间的长河里，终归会成为一粒沙尘。如此，思想就不至于走进死胡同，心灵也不至于干涸枯死。

我们在社会上生活，有成功就会有失败，如果遇到一点点挫折，就想要放弃，那是对自己人生不负责任的表现。美国著名篮球运动员迈克尔·乔丹也曾在受采访时说："我可以接受失败，但我不能接受放弃！"可见，失败并不可怕，可怕的是被失败打倒，然后放弃继续努力。

人生就像是一条波涛汹涌的大河，我们都是河里面的水手，但并非所有的水手都能在惊涛骇浪中一帆风顺直达对岸。但是明知前面有荆棘，有坎坷，我们就可以提前宣布放弃吗？不，不是这样的，与其害怕退缩，不如坦然面对。人生漫漫，不经历失败、不遭受打击，怎么能感受成功的喜悦呢？

有个年轻人，觉得生活没有奔头，不管什么事，他好像都很倒霉，最近就连工作都没有了，所以干脆自暴自弃，过着得过且过的日子。一个朋友实在不想看他这样，便带他去看舞台剧。他们提前半小时到的，屏幕上首先放的是舞蹈演员的视频。原来今天的舞蹈舞团的领舞之前是一名舞蹈演员，二十几岁的时候出过很严重的车祸，不得不把大腿以下坏死的部分锯掉。当时他心灰意冷，觉得自己就要变成废物了，家人不愿看他就此堕落下去，便给他在残疾人舞蹈团找了份工作。因为不适应义肢，他不敢再跳舞，只是在舞蹈团里做些杂活儿。后来他被舞团里面的成员感染，他内心的舞蹈细胞被重新激活，他想，大家可以不抛弃不放弃，重新站起来，为什么我不能呢？于是开始跟着团长刻苦练习，终于再次站在了舞台上，而且这次是领舞的位置。年轻人看完，内心很受震动，忽然明白朋友的用意。舞蹈演员被迫切掉双腿，仍能不放弃自己的梦想，勇敢地追梦，自己年纪轻轻，只不过是丢了一份工作，为什么要放弃呢？

从那天以后，年轻人开始振作起来，拿起之前丢掉的课本，白天工作，晚上花三小时上夜校，一年之后，拿到了 IT 工程师的执照，成了一名大家称美的工程师。

年轻人身上有很多人的影子，尤其是现在社会竞争压力大，而人们的抗压能力反而越来越弱了。很多怀着美好憧憬和伟大抱负的毕业生，刚进社会就被残酷的现实打击得站不起来，只想放弃。压力、挫折、失败，这是每个人人生都必须经历的，人生漫漫，我们不可能一帆风顺地走过，既然是这样，我们为什么不振作起来，拾起信心，再加加油，让人生过得更精彩些呢？

失败并不可怕，因为人人都会经历失败，失败是成功之母，可怕的是被失败打倒，从此一蹶不振放弃人生。放弃是这个世界上最容易做到的事情，但也是最不负责任的表现，尤其是年轻人，我们刚进社会，年轻就是我们的本钱，受点打击、经历点挫折并不是什么大不了的事情。只要你坚持下去，不放弃自己，总有一天，你能打造一片属于自己的世界。

　　生活中，有很多正在浑浑噩噩过日子的人，他们认为自己没有本事，所以索性安于现状、不思进取。但有时候，我们应该多逼一逼自己，给自己危机感，这样才能完全激发自己的潜能，唤醒我们内心深处隐藏已久的激情，实现最大的人生价值。

　　大部分的人之所以平庸，并不是因为自身能力不够，而是因为他们安于现状，不愿努力一把，把自己的潜能激发出来，反而在碌碌无为、一成不变的生活中埋没了自己。人生在世，有许多事，只要你想做，其实都是能做到的，只要你能克服困难，挖掘自己的潜能，爆发小宇宙。

　　每个人身上都蕴藏着自己无法想象的能量，这种能量就像一个熟睡的巨人，正在等待我们去唤醒，这个巨人就是我们通常所说的潜能。假如我们积极去唤醒它，让它像原子反应堆里的原子反应那样爆发出来，那么它将使我们的人生无所不能。

做最好的准备和最坏的打算

据说，美国曾经有一则这样的征兵广告——

来当兵吧！当兵其实并不可怕。

入伍后会怎样呢？无非有两种可能：有战争或没战争。没战争有什么可怕的？

有战争又怎样呢？无非两种可能：上前线或不上前线。不上前线有什么可怕的？

上前线又怎样呢？无非两种可能：受伤或不受伤。不受伤有什么可怕的？

受伤后又怎样呢？无非两种可能：轻伤和重伤。轻伤有什么可怕的？

重伤后又怎样呢？无非两种可能：治好和治不好。能治好有什么可怕的？

治不好又怎样呢？你根本就用不着害怕，因为你已经死了。

这个征兵广告很有趣，在网上甚至被很多人当成笑话或幽默在转贴。如果你在笑过之后，用心思考一下这个故事，我们就会发现其中的乐观主义精神非常浓厚，其面对艰难的态度非常值得我们借鉴。

有位作家曾说了一个令人终生难忘的比喻："人生如同以前的西部武打片。在酒吧里，恶徒坐着饮酒，还有人在打架拼命，弹琴的人就在这混乱险恶的处境中照弹不误。你得学会这琴师的本事，不管酒吧里发生了什么事，你还是弹你的。"

就像电影泰坦尼克号上的乐师一样，即便是船快沉了，他们还是一副"事不关己"的样子，继续沉着地奏着悦耳动听的曲子。他们仿佛在问："那又怎么样？"

是啊！那又怎么样？

"如果没赶上这班车，今天铁定会迟到。"

"那又怎么样？"

"那老板的脸色就会很难看。"

"那又怎么样？"

"也许会找我麻烦，或在背后说我坏话。"

"那又怎么样？"

你可以这样一直问下去。让自己学会理性地看待问题，了解有时候事情并没有你想的那么糟。

有个住在海边的人，自从一场千年不遇的海啸袭来，夺走了同村的上百条人命后，他开始变得忧心忡忡、魂不守舍。

在很长的一段时间，他的朋友都为他担心，却不知如何劝他才好。

就这样，又过了一段时日，有一天，他的一位友人发现他已恢复正常且神采奕奕，便好奇地问道：

"是什么原因让你突然改变呢？"

他回答说："也没有什么，我只不过买了双倍的人寿保险。"

作最坏的打算，作最好的准备。接受那不能改变的，改变那不能接受的。

试想，当你已做了最坏的打算，也做了最好的准备；那么，剩下的还有什么好担心的呢？

伤痛可以忘怀，疤痕让人更坚强

"将盐撒在伤口上只会让你愈加疼痛。"一位心理专家对一个因失恋而痛苦的年轻人说。

"但，我就是忘不了啊！"

"如果伤害已经发生，最好把它放下，就不会在痛苦的伤口上加上任何东西。"

如果伤害已经造成，那就别再揭了。你若老是自己去揭，不仅不利于康复，还有造成严重感染的可能。

谁会在自己的伤口上撒盐呢？记忆也许会存在，但伤痛却可以忘怀。就像身上的疤痕一样，虽然在刚受伤的时候会流血和痛楚万分，但是当伤口痊愈后，伤痛就会消失，而疤痕反而让人更加坚强。

有位妇人因为孩子意外身故而痛不欲生，终日以泪洗面，亲友怎么安慰她、劝她都无动于衷。

有一天，妇人睡着时做了一个梦，梦见她到了天堂，在那里，所有的小孩都像天使一样，手持点燃的蜡烛行进着，但她看见行列中有一位小女孩持的是没有烛火的蜡烛。

于是她跑向这位小女孩，当她接近一看，发现那竟是她的女儿。她问她："亲爱的！怎么只有你的蜡烛是熄灭的呢？"

她说："妈妈，他们把我手中的蜡烛点燃，但你的眼泪却一再地将它浇灭。"

当我们失去珍爱的人时，都会感到心痛，这是人之常情。但是生者的悲痛往往使死者留恋不舍，反而给死者带来更多的痛苦，为什么不让他们带着祝福、安心平静地离去？

其实，每个人的生命都是独立的个体，都有自己的路要走。既然我们从来就不曾拥有过别人，那么在他们离去之时，我们也就不算是失去了。

对人的道理如此，对物的道理又何尝不是？想开些、放下来，这是一种人类勇敢而又高贵的品质。

微笑面对生活

在美国艾奥瓦州的一座山丘上，有一间特殊的房子。这间房子完全密封，除了建筑用材是钢和玻璃外，其他材料和室内用品都是纯天然物质，绝对不含任何现代化工材料。就是住在里面的人需要的氧气，也不是通过空气直接获得，而是依靠人工过滤后灌注进去。总之，人住进去之后，就与外界完全隔离，除非通过电话或网络与外界联系。

也许读者会以为这间房子是供科学家做试验用的，但实际上，这间房子是给人居住的，给一个特殊的人居住。住在这间房子里的主人叫辛蒂。1985 年，辛蒂还在医科大学念书，有一次，她到山上散步，碰到一些蚜虫。她拿起杀虫剂喷杀，这时，她突然感觉到一阵痉挛，原以为那只是暂时的症状，谁料到自己的后半生从此变为一场噩梦。

原来，这种杀虫剂内所含的某种化学物质，使辛蒂的免疫系统遭到破坏。从此，她对香水、洗发水以及日常生活中接触的一切化学物质一律过敏，连空气中的微弱含量也可能使她的支气管发炎。这种"多重化学物质过敏症"是一种奇怪的慢性病，到目前为止仍无药可医。

在患病后，辛蒂一直流口水，尿液变成绿色，有毒的汗水刺激背部形成了一块块疤痕。与任何一种日用品的接触，都可能引发她心悸和四肢抽搐，辛蒂所承受的痛简直是令人难以想象的。1989 年，她的丈夫吉姆用钢和玻璃为她盖了一所"无毒"房间，一个足以逃避所有威胁的"世外桃源"。辛蒂所有吃的、喝的都得经过选择与处理，她平时只能喝蒸馏水，食物中不能含有任何非天然的化学成分。

多年来，辛蒂没有见到过一棵花草，听不见一声鸟鸣与泉水声，感觉不到阳光、流水和风的快慰。她躲在没有任何饰物的小屋子里，饱尝孤独之苦。更可怕的是，无论怎样难受，她都不能哭泣，因为她的眼泪跟汗液一样也是有毒的物质。

在最初进入房间与世隔绝的一段时间里，辛蒂每天都沉浸在痛苦之中，想哭却不敢哭。随着时间的推移，她渐渐改变了生活的态度，她说："在这寂静的世界里，我感到很充实。因为我不能流泪，所以我选择了微笑。"

为了让自己充实起来，辛蒂投入了为自己、同时更为所有化学污染物的牺牲者争取权益的工作之中。辛蒂生病后的第二年就创立了"环境接触研究网"，以便为那些致力于此类病症研究的人士提供一个窗口。1994年辛蒂又与另一组织合作，创建了"化学物质伤害资讯网"以免人们受到化学品的危害。目前这一资讯网已有5000多名来自32个国家的会员，不仅发行了刊物，还得到美国上议院、欧盟及联合国的大力支持。

当巨大的灾难从天而降，人固然可以努力闪挪腾移以规避。就算规避不了，也可以选择直面相对，奋起抗争。如果抗争不了，我们就承受它。而要是承受不了，就哭泣流泪。可是啊，如果上天告诉你：你连流泪也不行；那么你的选择又将是怎样？

——绝望、放弃是吗？不，你可以像辛蒂一样：不能流泪，那就微笑！

巧用替代和转移法则

要想整理出一块空地，把尖刺丛生的荆棘拔除后，不应该让那块地空荡荡的，应该在原地种上一棵好看的松树。用一物替代另一物，使原来的物件不再有生长的空间。这就是"替换律"的真谛。

人生也是如此，我们可以用美事美物替代丑恶的东西，就像是打扫出一所空屋子，为了不让恶鬼占据，最好的办法是让好人住进去。替换律同样可以用在我们的思考上：驱除肮脏的念头，不仅仅是绝不去想它，而必须让新东西去替代它。培养新兴趣，新思想；排除失望，仅仅接受失望是不够的，一个希望失去了，应该用另一个希望来代替；忘记自己忧伤的最有效也是唯一的办法，是用他人的忧伤来代替，分担别人的痛苦时自己的痛苦也就忘记了。因此，当我们消沉时，最好的解决办法是敞开自己，打破沉默，去做任何可以给我们带来激励的事情，在做其他事情中使我们从受挫折的事情中解脱出来。

一个叫苏珊·麦洛伊的美国青年，在突然被医生宣布得了癌症时，在康复机会渺茫的消沉之中，决定开始写一本书来激励自己与癌症对抗。作为一个动物爱好者，她选择人与动物作为书的主题。她通过各种方式收集有关动物的故事，这些故事在编成书前，首先使她从中受到感动，受到激励，成为她勇抗癌症恶魔的最大力量。后来，她的《动物真情录》成功出版，成为《纽约时报》评选的畅销书。而她自己在被诊断出癌症 10 年后，仍然身心健康，甚至比开始治疗前还好。

当你因不愉快的事而情绪不佳时，你不妨试着运用替代律来转移自己的情绪注意力。因此，我们建议你：

（1）积极参加社交活动，培养社交兴趣。

人是社会的一员，必须生活在社会群体之中。每个人都应该逐渐学会理解和关心别人，一旦主动关爱别人的能力提高了，就会感到自己生活在充满爱的世界里。如果一个人有了许多知心朋友，就可以取得更多的社会支持；更重要的是可以充分地感受到这个社会带来的幸福感、信任感和激励感，从而增强生活、学习、工作的信心和力量，最大限度地减少心理的紧张感和危机感。

一个离群索居、孤芳自赏、生活在社会群体之外的人，是不可能获得这种心理帮助的。随着独门独户家庭的增多，使得家庭与社会的交往减少，因此走出家庭，扩大交往显得更有实际意义，哪怕是通过网络这个虚拟的世界。

（2）多找朋友倾诉，以疏泄郁闷情绪。

在我们的日常生活和工作中，难免会遇到令人不愉快和烦闷的事情，如果能多找几个好友听自己诉说苦闷，那么压抑的心境就可能得到缓解或减轻，失衡的心理亦可得以恢复，并且能得到来自朋友的支持和理解，还可获得新的思路，增强战胜困难的信心。

当然，也可将不愉快的情绪向自然环境转移，郊游、爬山、野泳或在无人处高声叫喊、痛骂等都是不错的选择。还可积极参加各种活动，尤其是可将自己的情感以艺术的手段表达出来，如去听听歌，跳跳舞，在引吭高歌和轻快旋转的舞步中忘却一切烦恼。

（3）重视家庭生活，营造一个温馨和谐的家。

家庭可以说是整个生活的基础，温暖和谐的家是家庭成员快乐的源泉、事业成功的保证。在幸福和睦家庭中成长，也很利于其人格的发展。

理想的健康家庭模式，应该是所有成员都能轻松表达意见，相互讨论和协商，共同处理问题，相互供给情感上的支持，团结一致应付困难。每个人都应注重建立和维持一个和谐健全的家庭。社会可以说是个大家庭，一个人如果能很好地适应家庭中的人际关系，也就可以很好地在社会中生存。

放眼未来，最坏不过是从头再来

在大山深处的一个村寨里，住着一位以砍柴为生的樵夫。樵夫的房子很破败，为了拥有一所亮堂的房子，樵夫每天早起晚归。五年之后，他终于盖了一所比较满意的房子。

有一天，这个樵夫从集市上卖柴回家，发现自己的房子火光冲天。他的房子失火了，左邻右舍正在帮忙救火。但火借风势，越烧越旺，最后，大家终于无能为力，放弃了救火。

大火终于将樵夫的新房子化为灰烬。在袅袅的余烟中，樵夫手里拿了一根棍子，在废墟中仔细翻寻。围观的邻居以为他在找什么值钱物件，好奇地在一旁注视着他的举动。过了半晌，樵夫终于兴奋地叫着："找到了！找到了！"

邻人纷纷向前一探究竟，只见樵夫手里捧着的是一把没有木把的斧头。樵夫大声地说："只要有这柄斧头，我就可以再建一个家。"

当一切已经化为灰烬，只要你的梦想还在，激情还在，斗志还在，又有什么值得过度悲伤与气馁的呢？与其终日痛哭悔恨，不如放眼未来，从头再来。我们每个人都不会真正地输得精光。在无情的大火吞噬了我们的一切时，别忘了我们还有一把斧头。再退一步说，即使没有斧头，我们不是还有自己吗？

只要人在，我们可以从头再来！曾国藩率领湘军出征初期，屡战屡败，在岳州（湖南岳阳）一役，水师几乎被太平军全歼。但他偏不信邪、不服输、不气馁，虽屡战屡败，仍屡败屡战。后来的结果，相信我们大家都知道，曾国藩取得了胜利。在他 42 岁那年，曾国藩被封为万户侯，可谓达到人生的巅峰。

在年轻人今后的道路上，失败、挫折是一定会存在的。当你被击倒在地时，请告诉自己：成功的人不是没有被击倒过，只不过是他们站起的次数比倒下的次数多一次。

心若在，梦就在，天地之间还有真爱；

看成败，人生豪迈，只不过是从头再来！

认识困境的双面性

《菜根谭》中说："横逆困究，是锻炼豪杰的一副炉锤，能受其锻炼者则身心交益；不受锻炼者则身心交损。"这说明，人们驾驭生活的技巧和主宰生活的能力，是从现实生活中磨砺出来的。

和世间任何事件一样，困境也具有两重性。一方面它是障碍，要排除它必须花费更多的精力和时间；另一方面它又是一种养料，在解决它的过程中能使人得到锻炼和提高。我国古人对此早就有所认识，所以有"生于忧患，死于安乐"的说法。

《人人都能成功》的作者拿破仑·希尔很喜欢讲一个有关他祖父的故事。他的祖父过去是北卡罗来纳州的马车制造师傅。这位老人在清理耕种的土地时，总会在田地的中央留下几株橡树，它们不像森林中其他的树一样有良好的庇荫及养分。而他的祖父就用这些树制造马车的车轮。正因为这些田野中的橡树要在强风烈日下百般挣扎，才能对抗大自然狂风暴雨的考验，茁壮成长，所以它们才足以承受最沉重的负荷。

困境同样可以强化人们的意志。大多数的人们希望一生平坦顺利，然而，未经困境考验，往往会庸庸碌碌过一生。

美国犹他州的艾特·博格曾是一位体育健将，有着远大前程。但是，在他 20 岁那年的圣诞之夜，因为在去未婚妻家的路上遭遇一场车祸而全身瘫痪。医生告诉他，他不但不能再驾车了，余生得完全依靠他人喂食、穿衣和行走，而且最好也不要提结婚的事了。

他感到世界黑暗，既担心又害怕。但是，他的母亲给予他及时的鼓励和帮助，说："艾特，当困苦姗姗而来时，超越它会使生活更余味悠长。"母亲的话使那间黑暗恐怖的病房被希望和热诚的光芒所充满。

他不再只盯着没有知觉的四肢，而是开始考虑现在他可以做什么。

他首先学会了在新的条件下驾车，自理自己的生活，他又可以到想到的地方干想干的事了。在这个过程中，奇迹发生了：他又能重新活动右臂了。遭车祸一年半后，他仍然和他美丽的未婚妻结了婚。之后的 1992 年，他的妻子黛丽丝当选犹他州小姐，又参评美国小姐获季军。他们还有了一双儿女，女儿瑞纳和儿子亚瑟。生活的欢乐也不断鼓舞着他向一个又一个人生课题挑战。他学会了独臂游泳、潜水，甚至成为第一个参加滑翔跳伞的四肢瘫痪者。

1994 年美国的《成功》杂志推举他为该年度最伟大的身残志坚者。回顾一切，他说："为什么我能有所成就，因为多年来，我一直铭记母亲的话语，而不是听信周围人等（包括医学专家）的丧气之辞。我深知我的境遇并不意味着可以轻易放弃梦想。我的心头再次燃起希望之火。……因为当困苦姗姗而来之时，超越它们会更余味悠长。"

朝着积极的方向思考

一场大雨后，一只蜘蛛艰难地向墙上那张支离破碎的网爬去。

由于墙壁潮湿，每当它爬到一定的高度就又掉下来了。它一次次地向上爬，一次次地又掉下来……

第一个人看到了，他叹了一口气，自言自语："我的一生不正如这只蜘蛛吗？忙忙碌碌却无所得。"于是，他日渐消沉。

第二个人看到了，他说："这只蜘蛛真愚蠢，为什么不从旁边干燥的地方绕一下爬上去？我以后可不能像它那样愚蠢。"于是，他变得聪明起来。

第三个人看到了，他说："真想不到这只小小的动物，居然有如此顽强的斗志，我以后要学习它屡败屡战的精神。"于是，他变得坚强起来。

同样一个场景，在不同的人眼里有不同的解读，不同的解读又造就了不同的结果。到底是什么导致了人们眼中的差异和心态不同。

有人说是"习惯决定人生"，这话算是有见地。一个人一生的成败往往取决于行动，而行动在很大程度上是受到习惯的支配，因此说"习惯决定人生"是站得住脚的。但是，有必要继续追问一下：习惯又是从何而来的呢？

也许有人会回答：自己养成的呗。当然是自己养成的。就像种庄稼一样，我们千万不要忽略了种植庄稼的土壤。习惯的养成，也与心态的土壤有莫大的关系，什么样的心态，产生什么样的习惯。年轻人要想养成良好的习惯，必须先平整好自己的心态之土，让自己的心态土壤充满乐观的养分，并沐浴在温暖的阳光之下。

在我们每一个人身上，都随身携带着一件看不见的东西，它的一面写着"积极心态"，另一面写着"消极心态"。心理学家与社会学家一致认为：在人的本性中，有一种倾向——我们把自己想象成什么样子，就真的会成为什么样子。

一个积极心态者常能心存光明远景，即使身陷困境，也能以愉悦和创造性的态度走出困境，迎向光明。积极的心态能使一个懦夫成为英雄，从心志柔弱变为意志坚强。一个拥有积极心态的人并不否认消极因素的存在，他只不过是学会了不让自己沉溺其中。

积极心态还具有改变人生的力量。当你面对难题时，如果你期待能拨云见日，并能乐观以待，事情最后终将如你所愿，因为好运总是站在积极思想者的一边。具有积极心态的人心中常能存有光明的远景，即使身陷困境，也能以愉悦、创造性的态度走出困境，迎向光明。积极心态人人皆可拥有，但有些人在实行时会发生困难。这是因为某些奇怪的心理障碍会导致消极心态的出现。一个人若是不断地怀疑、质问，那是因为他自己不想让积极思想发生作用。他们不想成功，事实上他们害怕成功，因为活在自怜的情绪中安慰自己，总是比较容易的。我们的大脑必须被训练成能自动积极思考的模式。

积极心态只有在相信它的情况下才会发生作用，并且产生奇迹，而且你必须将信心与思考过程结合起来。有些人怀疑积极心态无效，可他们不知道，原因之一便是他们的信心不够，所以出现怀疑和犹豫，不停地给他泼冷水。因为他们不敢完全相信一旦你对自己有信心，便会产生惊人效果。

错过是人生独特的风景

如果你总是生活在记忆中的昨天，那么你今天绝不会快乐。

人生在世，大抵都会错过些什么。一些人、事、职业、婚姻、机遇，等等，都可能与我们擦肩而过。因而，当我们进入垂垂暮年，回首往事，总会发现自己有一些未了的心愿，留下了这样或那样的遗憾。或许正因为如此，宋代大文豪苏东坡面对人的悲欢离合和月的阴晴圆缺，也曾无可奈何地慨叹过"此事古难全"。

也正是因为如此，人生才显得匆匆而又匆匆。

然而，错过也是人生一道独特的风景，一种缺憾的美丽。

《红楼梦》中的贾宝玉与林黛玉失之交臂，错过了，而后是和薛宝钗同结连理。于是便有了读者对"宝姐姐"恨得咬牙切齿，骂她是个阴险狡猾的伪君子、女小人，尽管她同样也是封建制度的受害者。其实，如果说"阴险狡猾"应该非曹雪芹莫属。试想，如果曹雪芹让贾宝玉和林黛玉结婚生子，让竹影婆娑的潇湘馆中挂满了尿布片子，让小两口一同经历抄家等变故，然后，老两口过着茅椽蓬牖、瓦灶绳床、举家食粥的生活，让病恹恹的林黛玉一直活到90多岁，满口牙掉光，脸皱得像只核桃，婆婆妈妈唠唠叨叨，似乎没有了遗憾。但这样的《红楼梦》你喜欢吗？宝黛爱情还会让我们荡气回肠吗？所以，从一定意义上说，正因为有了缺憾，才成就了《红楼梦》，成就了曹雪芹，成就了艺术之美。

但生活毕竟是生活，不是艺术。因而，我们不能因为缺憾的美丽而去人为地错过，人为地制造出缺憾，去追求人生缺憾的美丽。因为这毕竟是一种虚幻的心灵上的感受，而我们却永远生活在现实之中。

　　有一个人，年轻时与一少女相恋多年。那少女活泼、开朗，能歌善舞，是个人见人爱的"黑牡丹"。可由于阴差阳错，他们分手了，"黑牡丹"远嫁他乡，而那位朋友也早已为人夫、为人父。只是那位朋友觉得自己过得极其"不幸"，他觉得妻子这也不顺眼，那也不遂心，长相不佳吃相不佳睡相不佳，总之妻子没有一样称他的心如他的意，与罗曼蒂克的"黑牡丹"简直不能同日而语。他的妻子常为此而黯然神伤，后来，索性放开他，准许他去异乡看望他的梦中情人"黑牡丹"。那个人如遇大赦般地去了，在三天两夜的火车上，他设计种种重逢的浪漫，于是，他满怀憧憬，心跳过速地敲开了"黑牡丹"的家门。

　　开门的是一个腰围大于臀围的黑胖妇人，一见面她就兴趣盎然地对他大讲泡酸菜的经验，因为当时她正在泡酸菜，屋子洋溢着一股酸菜的味道。

　　这就是令他魂牵梦绕、朝思暮想的"黑牡丹"！

　　回家后，遂觉得妻子几"相"俱佳，妻子也破涕为笑，从此两人过得和和美美。

　　所以，既然人生注定了要错过，那就让它错过好了，我们尽可以享受这美丽。可我们不能因此而忽视我们眼前的美丽。这才是一种积极的心态。否则，你错过了太阳，还会错过月亮。

　　到那时我们就大错而特错了！

适当放松，释放心情

有一位年轻人去找心理学教授，他对大学毕业之后何去何从感到彷徨。他向教授倾诉诸多的烦恼：没有考上研究生，不知道自己未来的发展；女朋友将去一个人才云集的大公司，很可能会移情别恋……

教授让他把烦恼一个个写在纸上，判断其是否真实，一并将结果也记在旁边。

经过实际分析，年轻人发现其实自己真正的困扰很少，他看看自己那张困扰记录，不禁说："无病呻吟！"教授注视着这一切，微微对他点头。于是，教授说："你曾看过章鱼吧？"年轻人茫然地点点头。

"有一只章鱼，在大海中，本来可以自由自在地游动，寻找食物，欣赏海底世界的景致，享受生命的丰富情趣。但它却找了个珊瑚礁，然后动弹不得，呐喊着说自己陷入绝境，你觉得如何？"教授是在用故事的方式引导他思考。他沉默了一下说："您是说我像那只章鱼？"年轻人自己接着又说："真的很像。"

于是，教授提醒他："当你陷入坏心情的习惯性反应时，记住你就好比那只章鱼，要松开绑住自己的八只手，让它们自由游动。绑住章鱼的是自己的手臂，而不是珊瑚礁的枝丫。"

人心很容易被种种烦恼和物欲所捆绑。那都是自己把自己关进去的，是自投罗网的结果，就像蚕作茧自缚。大多数人的坏心情，都是因为自己想不开，放不下，一味地固执而造成的。坏心情犹如人心灵中的垃圾，它是一种无形的烦恼，由怨、恨、恼、烦等组成。清洁工每天把街道上的垃圾带走，街道便变得宽敞、干净。假如你也每天清洗一下内心的垃圾，那么你的心灵便会变得愉悦快乐了。

　　人的心好比房子，里面若是装满了坏心情，自然没有好心情的立足之地。从现在开始，请赶走自己心中的坏心情，以迎接好心情的入住。

第四章

少些抱怨，不去较真儿

　　在这个世界的每一个角落。似乎都充满了抱怨与控诉。为什么好心没有好报？为什么我的机会那么少？为什么一分耕耘换不回一分收获？为什么，为什么……太多的为什么，却很少有人找到真正的答案。于是，悲观宿命之类的思想甚嚣尘上，让我们陷入怨天尤人的怪圈，但这样活着真的开心吗？较真下去我们又得到了什么呢？不妨静下心来问问自己的真实想法。

一分耕耘一分收获

有道是"一分耕耘一分收获",或云"世间自有公道,付出总有回报",但是在真正的现实生活中都是这样的吗?

不是每一朵花儿,都能结出饱满的果实;不是每一滴汗水,都能带来欢笑;不是每一份付出,都可以有回报。有些时候,我们的付出并没有什么回报,所有的付出只是"付之东流"。当你总是用真诚去关心、了解别人时,收到的却是冷漠;当你做什么都总是为别人着想时,别人却认为这是理所当然的事……

付出没有回报的原因有很多。原因之一是你的付出投错了地方,就像你想要在死海中钓一尾虹鳟鱼一样,怎样的努力也白搭。你不改变策略,你的付出就注定会打水漂。世界万物的运动都是有规律的。人们不管做什么事情,都要尊重客观世界的规律,遵循客观世界的规律。凡是违背客观世界规律的事,不管付出多少,最后的结局必然是失败,而且付出越多失败越惨。

此外,就算你将努力与付出用对了地方,也不见得一定有回报。三月播种四月插秧,农民年年忙碌在田间地头,但一场突如其来的洪水就足以让他们颗粒无收,甚至于无家可归,还提什么回报啊!

不是所有的春华都会有秋实,不是全部的付出都有回报。不要再执着于"付出总有回报"之中;否则一旦付出之后没有回报,便会心有不平,大发牢骚,怨天尤人,诅咒老天不公。人在这种心态与情绪之中,最容易走极端。

不过,尽管付出不一定有回报,但这绝不能成为我们懒惰颓废的借口。因为:不付出就一定没有回报。有则笑话是这样的:一个人整天拜着菩萨,请求菩萨保佑他的彩票中大奖。可是他拜了很多次菩萨,愿望还是没有实现。这个人终于气愤地质问菩萨为什么不保佑自己。菩萨说："我也想帮你一回，但你也得先买彩票，我才能让你中奖啊！"

透着几分荒唐的笑话，其实也说明了一个道理：不付出就一定没有回报！

既然付出不一定有回报，而不付出一定没有回报。我们当然只有选择付出了。只是，在付出没有得到回报的时候，不要过于生气，要冷静地想一想原因。事实上，我们的付出没有回报很多时候是一个表象，有些回报是无形的。爱迪生发明灯丝时付出了N次还没有回报，但爱迪生认为他有回报——他知道了N种材料不适合制作灯丝。果然，他在第N+1次实验时成功了。

如果你对于付出与回报之间的关系能够清楚了解，那么在付出很多依然没有得到自己想要的东西时，也就不会有那么多的挫折感，也就不会轻易滋生出愤怒与抱怨。

以平常心对待得失

一棵苹果树终于开花结果了，它非常兴奋。

第一年，它结了 10 个苹果，9 个被动物摘走，自己得到 1 个。对此，苹果树愤愤不平，于是自断经脉，拒绝成长。

第二年，它结了 5 个苹果，4 个被动物摘走，自己得到 1 个。"哈哈，去年我得到了 10%，今年得到 20%！翻了一番。"这棵苹果树心理平衡了。

而它旁边的梨子树，第一年也结了 10 个苹果，9 个被摘走，自己得到 1 个。他继续成长，第二年结了 100 个果子。因为长高大了一些，所以动物们没那么好采摘了，它被摘走 80 个，自己得到 20 个。与苹果树同样是从 10% 到 20%，但果子的数目却相差 20 倍。

第三年，梨子树很可能结 1000 个果子……

其实，在成长过程中得到多少果子不是最重要的，最重要的是树仍在成长！等果树长成参天大树的时候，你自然就会得到更多。

我们在工作中，也如同一株成长中的果树。刚开始参加工作的时候，你才华横溢，意气风发，相信"天生我才必有用"。但现实很快敲了你几个闷棍，或许，你为单位做了大贡献却没什么人重视；或许，只得到口头重视但却得不到实惠；或许……总之，你觉得自己就像那棵苹果树，结出了果子，自己只享受到很小一部分，看起来很不公平。

为什么付出没有回报？为什么为什么为什么……你愤怒、你懊恼、你牢骚满腹……最终，你决定不再那么努力，让自己所付出的对应自己所得到的。

不久之后，你发现自己这样做真的很聪明，自己安逸省事了很多，得到的并不比以前少；你不再愤愤不平了，与此同时，曾经的激情和才华也在慢慢消退。但是，你已经停止成长了，而停止成长的人，还有什么前途、盼头呢？

这样令人惋惜的故事，在我们身边比比皆是。之所以演变成这样，是因为那些人忘记生命是一个历程，是一个整体，总觉得自己已经成长过了，现在是到该结果子收获的时候了。他们因太过于在乎一时的得失，而忘记了成长才是最重要的。

有一位年轻人在一家外贸公司工作了 1 年，而且苦活累活都是他干，工资却最低。他曾试探性地与老板谈了待遇问题，但老板没有任何给他涨工资的迹象。

这个年轻人本来想混日子算了，同时骑驴找马另寻他路。当年轻人把自己的想法告诉了一位年长的朋友，他的朋友建议他："出去试试也不错，不过，你最好利用现在这个公司作为锻炼自己的平台，从现在就开始更加努力工作与学习，把有关外贸大小事务尽快熟悉与掌握。等你成为一个多面手之后，跳槽时不就有了和新公司讨价还价的本钱了吗？"

年轻人想想朋友的建议也有道理。利用现在这样一个有工资的学习条件，自然是不错。

又是一年后，朋友再次见到了这位昔日不得志的年轻人。一阵寒暄过后，问年轻人："现在学得怎么样？可以跳槽了吧？"年轻人兴奋中夹杂着一丝不好意思，回答道"自从听了你的建议后，我一直在更加努力地学习和工作，只是现在我不想离开公司了。因为最近半年来，老板给我又是升职，又是加薪，还经常表扬我。"——看看，这就是一个"成长"的人的收获。你长得越大，别人就越不敢怠慢你。退一步说，即使被怠慢了，你一身好武艺，何愁没前途？

学会换位思考

朋友老张告诉我，现在他才终于明白老板为什么一个个都那么小气了。老张之所以明白了，是因为不久前他辞职当了老板。在给别人打工时，不少人总喜欢埋怨老板刻薄，不公平；而等到自己真正当了老板时，才知道老板也有老板的难处。

在工作与生活中，很多不平之气其实是源于"各执一端"。你在你的立场上看，老板刻薄得要死；老板站在老板的立场上看，又觉得自己厚道得有点过了。如果你遭受了不公平，不要急着控诉、抗争或苦恼，不妨先进行一下换位思考。

所谓换位思考，指的是换个位置，设身处地站在对方的立场来看事情。处于不同位置的人们，对事情都有着不同的看法。员工有员工的立场，老板有老板的立场；丈夫有丈夫的立场，妻子有妻子的立场。立场不同，对同一事物的感受就会不同。例如丈夫不做家务，对于妻子来说也许不公平，但假设站在丈夫的立场，丈夫工作一天累了，回家不想动，似乎也不算是什么大的错误。而唠叨啰唆的妻子固然惹丈夫烦，但只要想想妻子在家一天都没有多少人陪他说话，好容易等丈夫下班了有机会多说几句，似乎也在情理之中。

有一句话是这样说的："看一个人的智力是不是上乘的，就看他会不会经常进行换位思考。"实际上，在进行换位思考的同时，我们也正逐步靠近真理。从社会的角度来讲，相互理解、换位思考是建立和谐社会的基础；从个人的角度来说，换位思考是保障自身利益的明智选择。生活在这个社会中的每一个人，都有一个公开的、对外的身份，这就决定了人们往往习惯于站在自己的立场上为人处世和思考问题。

明白了这些，下次再在我们感觉受到不公平的对待时，当我们为获得所谓的公平而不依不饶时，我们不妨先问问自己："如果我是对方会怎么样?"也许会因为你立场的变化而改变。海尔公司的总裁曾亲自砸烂未能通过质检的不合格冰箱，因为他知道如果他是消费者，一定会因新买来的洗衣机出现故障而烦恼。松下公司对一位犯了重大事故的员工并未做出开除或是降薪的处罚，因为公司领导知道，如果他是那位员工，一定会对自己的失误给公司造成的巨大经济损失心存懊悔。这样的换位思考，使海尔电器畅销全球;这样的换位思考，使松下公司凝聚力大大提高。

当我们学会并做到换位思考的时候，我们会发现原来生活其实很美好，每一天的心情都是很好的。如果你在生活工作中遇到了什么不开心的事情，先试着换位思考一下，这时候心里就不会觉得特别别扭了。

换位思考是一种闪耀的智慧，是一种理性的牵引。换位思考能产生一种巨大的人格力量，有强大的凝聚力和感染力，它就如一泓清泉，浇灭嫉妒的焦虑之火，可以化冲突为祥和，化干戈为玉帛。其实，换位思考并不是什么深奥的东西，它存在于生活中的每个角落。我们少一点随意，别人就多一些轻松;我们少一些刻薄，别人就多一些宽容。

不要抓住别人的错误不放

一位年轻貌美的少妇曾向人们诉说自己五年不愉快的婚姻生活。她的丈夫因为一句话没说好，就会惹她生气，她会大发雷霆地说道："你怎么可以这样说，我可是从来没有向你说过这样的话。"当他们提到孩子时，这位少妇说："那不公平，我从不在吵架时提到孩子。""你整天不在家，我却得和孩子看家。"……

她在婚姻生活中处处要公平，难怪她的日子过得不愉快，整天都让公平与不公平的问题搅扰自己，却从不反省自己，或者没法改变这种不切实际的要求。如果她对此多加考虑的话，相信她的婚姻生活会大大改观。

还有一位夫人，她的丈夫有了外遇，使她感到万分伤心，并且她还弄不明白为什么会这样？她不断地问自己"我到底有什么错儿？我哪一点配不上他？"她认为丈夫对她的不忠实在是太不公平。终于，她也效仿自己的丈夫有了外遇，并且认为这种报复手段可谓公平。但是，同愿望相反，她的精神痛苦并未减轻。

狭隘的公平是：你这样做了，我也要这样做；我那样做了，你也要那样做。比如，你周末去钓鱼了，我也要去郊游。或者，我请你吃了饭，你就要回请。人们常常认为这样做才是懂礼貌、有教养。然而，这实际上仅仅是保持公平的一种做法。

在爱人对你表示亲热之后，总要回吻，要不就是说"我也爱你"，而不会自己选择表达感情的时间、方式和场所。这说明在一般人看来，接受了别人的亲吻或"我爱你"而没有相应的表示，就是不公平的。

认为"如果他能这样做，我也可以这样做"，用别人的错误行为来为自己的错误辩解，用这种错误的理由解释自己的作弊、偷窃、欺诈、迟到等不符合通常价值观念的行为。例如，在公路上开车时，一辆车把你挤到了路边，你也要去挤他一下；一个开慢车的人在前面挡了你的路，你也要赶上去挡他一下；迎面来车开着大灯晃了你的眼，你也要打开自己的大灯。实际上，你是因为别人违反了你的公正观念，而拿自己的性命赌气。这就是在孩子们中间经常出现的"他打了我，所以我要打他"的做法，而孩子们则是在多次见到父母的类似行为之后才学会这样做的。如果这种"以眼还眼、以牙还牙"的报复做法扩大到国家关系上，就会导致战争。

"为什么是我？"一位得知自己罹患癌症的病人对大师哭诉，"我的事业才正要起步，孩子还小，为什么会在此时得这种病？"

大师说："生命中似乎没有任何人、任何时候，适合发生任何不幸，不是吗？"

"但是，她还那么年轻，而且人又那么善良，怎么会这样？"一旁陪她来的朋友不平地说。

"雨水落在好人身上，也会落在坏人身上。"大师说，"有些好人甚至比坏人要淋更多的雨。"

"为什么？"

"因为坏人偷走了好人的伞。"大师答道。

没错，人生本来就不公平。

如果世界上每件事都公平，为什么有些人从小就是天才，有些人却有些愚笨？为什么有人生下来就是王子，有些人却生在难民营？

如果世界上每件事都要公平，鸟儿不能吃虫，老鹰也不能吃鸟，那么生命将如何延续下去？

人世间的纷纷扰扰，又岂是"公平"二字能规范得了的？生不公平，有人生于富贵人家，有人生于茅屋寒门；死不公平，有人英年早逝，有人寿比南山。生与死都不公平．我们又拿什么来要求处于生死之间的人生旅程中事事公平？

看了上面的话，也许有人很沮丧：难道人世间就没有了公平吗？不是的，人世间不仅有公平而且在绝大多数情况下是公平的。正是因为有了公平的存在，我们才能看到不公平；也正因为公平存在于大多数正常人的头脑之中，不公平才会如此刺眼。

值得注意的是，公平需要放在一个较长的时间系统里去看。唐僧师徒过了九九八十一难才取回真经，如果只过了八八六十四难，付出是付出了，但依然是没有回报的。在一个足够的时间与空间体系内，社会是公平的，但我们不可能在任何时候、任何地点、任何事情都强求绝对的公平。山有高有低，水有深有浅。这个世界，不存在绝对的公平。如果我们事事要求公平，必然会陷入愤怒与过激之中。爱默生说："一味愚蠢地强求始终公平，是心胸狭隘者的弊病之一。"

一个人听数学老师说抛掷硬币时，正反面朝上的概率各半。他掷第一次时，是正面。第二次，还是正面。第三次，还是正面。这不公平！这个人怒气冲冲地扔掉硬币，气愤地找老师算账。其实，尽管我们不能保证他第四次抛掷硬币会变成反面朝上，但我们能保证他抛掷一千次、一万次，正反面朝上的次数会基本接近。想想这个很容易理解的例子，也许你能在遭受所谓的不公平时，会释然很多。

学会感恩生活，享受人生

说到"感恩"，常人一般首先想到的是"投桃报李"式的报恩。其实，"感恩"的内容绝不仅限于此。残酷的命运，阴险的敌人，朋友的陷害……如果你换一个角度，都值得感恩。

也许，很多人会对于上面的说法感到不解。因此我们常常听到身边的人不断地抱怨，抱怨与诅咒，然后仰首大呼，老天不公平！

老天真的不公平吗？天生万物以养你，珍贵的阳光、空气、鸟语、花香，何曾疏忽与慢待过你？而所有你成长路上的磨难，换一个角度来说，也是上天助你成器的一种磨炼。铁不经冶炼与锻打，如何成钢？

一个有感恩之心的人，看待问题不会偏激，想事情不会只光顾自己。这样的人，优雅而又成熟。带着感恩上路，你要——

感激养育你的人，因为他给予了你的生命；

感激教育你的人，因为他丰富了你的心灵；

感激关爱你的人，因为他教会了你的付出；

感激鼓励你的人，因为他调动了你的激情；

感激重用你的人，因为他挖掘了你的潜力；

感激信任你的人，因为他认可了你的人格；

感激表扬你的人，因为他肯定了你的实力；

感激纠正你的人，因为他加速了你的成熟；

感激欣赏你的人，因为他增加了你的自信；

感激启迪你的人，因为他提升了你的智慧；

感激伤害你的人，因为他磨砺了你的意志；

感激欺骗你的人，因为他唤醒了你的良知；

感激折磨你的人，因为他锻炼了你的毅力；

感激放弃你的人，因为他磨炼了你的自立；

感激打击你的人，因为他强化了你的能力；

感激批评你的人，因为他拓宽了你的心胸；

感激诋毁你的人，因为他培养了你的虚心；

感激陷害你的人，因为他擦亮了你的双眼；

感激拒绝你的人，因为他加强了你的思考；

感激诅咒你的人，因为他赐予了你的佛心。

只有心怀感恩的人，才能真正体会到什么是幸福，心怀感恩的人才能真正了解什么是伟大，也只有心怀感恩的人才会拥有海洋般的胸怀和至纯至善的爱——出自对一切生物的关爱和感激的爱。

生活在给予我们挫折的同时，也给予了我们坚强。酸甜苦辣不会都是你人生的追求，但一定是你人生的全部。人生的风风雨雨，若用一颗感恩的心来体会，你会发现不一样的人生。不要因为冬天的寒冷而失去对春天的希望。我们要学会感谢，感谢四季的轮回给了我们不一样的体验，让我们能够春种秋收。拥有了一颗感恩的心，你就没有了埋怨，没有了嫉妒，没有了愤愤不平，你就有了一顺从容淡然的心！

让我们一起带着感恩上路！

感恩是一种应有的心态。常怀感恩的人，才能以积极的心态处事；常怀感恩的人，才能不怨天尤人；常怀感恩的人，才能坦然面对一切。不要面对人生中的那一点不顺，不必抱怨；不要抱怨上天的不公，不要抱怨人情的淡薄和人性黑暗，不要抱怨命运的多舛和时运不济……不论身处何种境地，只要常怀感恩之心，就会感觉到身边的温暖，觉察到在你的身边，还有许多人在默默地支持你、祝福你。常怀感恩之心的人，必将拥有自信、自尊和超越自我的力量。当你失败时，感恩的力量会助你前行；成功时，感恩的力量会让你不骄不躁。

生命之河因感恩而不再干涸，感恩让生活不再荒芜。

带着感恩上路，我们且歌且行。

用争气代替生气

人生难免或多或少受到一些不公平的对待。许多人在这个时候常常会生气：生怨气、生闷气、生闲气、生怒气……殊不知，生气，不但无助于问题的解决，反而会伤害感情，弄僵关系，使本来不如意的事变得更加不如意，犹如雪上加霜。更严重的是，生气极有害于自己的身心健康，简直是在"摧残"自己。

古希腊学者伊索说："人需要平和，不要过度地生气，因为从愤怒中常会对易怒的人产生重大灾祸。"俄国作家托尔斯泰说："愤怒使别人遭殃，但受害最大的却是自己。"清末文人阎景铭先生写过一首《不气歌》，颇为幽默风趣：

他人气我我不气，我本无心他来气。

倘若生气中他计，气出病来无人替。

请来医生将病治，反说气病治非易。

气之为害太可惧，诚恐因气将命废。

我今尝过气中味，不气不气真不气！

美国生理学家爱尔马，为研究生气对人健康的影响，进行了一个很简单的实验：把一支玻璃试管插在有水的容器里，然后收集人们在不同情绪状态下的"气水"，结果发现：即使是同一个人，当他心平气和时，所呼出的气变成水后，澄清透明，一无杂色；悲痛时的"气水"有白色沉淀；悔恨时有淡绿色沉淀，生气时则有紫色沉淀。爱尔马把人生气时的"气水"注射在大白鼠身上，不料只过了几分钟，大白鼠就死了。这位专家进而分析：如果一个人生气 10 分钟，其所耗费的精力，不亚于参加一次 3000 米的赛跑；人生气时，体内会合成一些有毒性的物质。经常生气的人无法保持心理平衡，自然难以健康长寿，被活活气死者并不罕见。另一位美国心理学家斯通博士，经过实验研究表明：如果一个人遇上高兴的事，其后两天内，他的免疫能力会明显增强；如果一个人遇到了生气的事，其免疫功能则会明显降低。

杜绝生气的另一种可行办法是：变生气为争气。美国酒店经营企业家希尔顿在年轻时比较贫穷。有一次他进饭店吃饭，因为衣着寒酸，被服务员冷落了好久。等到服务员终于上来服务，也是一副打发叫花子的模样。希尔顿顺手翻了翻菜谱，服务员就不耐烦了，说：后面的你就别看了，你要的都在前面这一页。为什么这么说呢？因为后面的菜都是比较贵的。希尔顿被服务员的话给气得不行，心想来的都是客，这样子对我也太不公平了吧？但他还是压制住自己的怒火，点了一样他消费得起的便宜菜。

饭吃完后，希尔顿的火气也慢慢消了。他心中有了一个念头：将来一定要买下这家饭店！当然，他后来的发展不只是买下一家酒店，而是在全世界拥有最著名的饭店管理集团，这就叫变生气为争气。

每个人都希望被人重视、受人尊重、受人欢迎，但有时又难免被人嘲弄、受人侮辱、被人排挤，生活给了我们快乐的同时，也给了我们伤痛的体验。而这就是生活，这就是我们需要面对的人生。有的人能够很坦然地面对一切，痛并快乐着；有的人却成天为一点小事火上心头，或者悲观丧气，怨天尤人。其实，很多时候不过是自己小肚鸡肠，去斤斤计较那些虚无的名利，而把所有的责任都推到别人的身上。我们为什么不想想，如果我们自己足够优秀，别人还会对你冷眼嘲讽吗？所以，让自己快乐的最好办法就是自己去争气，去做得更好，在人格上、在知识上、在智慧上、在实力上使自己加倍成长，变得更加强大，使许多问题迎刃而解。这就是所谓生气不如争气的精髓。

人活着就是争一口气，这口气不是生气而是争气。不过，要争气就得有志气。人最大的敌人就是自己，能战胜自己的才算坚强，而战胜别人的人只不过是有力量而已。不仅如此，一个人的成功主要还不在其有多高的天赋，也不在其有多好的环境，而在于是否具有坚定的意志、坚强的决心和明确的目标。而整体实力才是唯一的通行证，也是最可靠和有效的通行证，认识到这一点，你才能畅行无阻。

在读小学时，我们学过一篇课文：《一定要争气》。文章讲述的是我国著名生物科学家童第周的故事。在童第周 28 岁那年，他到比利时去留学，跟一位在欧洲很有名气的生物学教授学习。一起学习的还有别的国家的学生。由于旧中国贫穷落后，在世界上没有地位，外国学生非常瞧不起中国来的学生，经常讥笑与蔑视童第周。童第周暗暗立下志向：一定要为中国人争气。

几年来，童第周的教授一直在做一项难度很大的实验，但做了几年也没有成功。童第周不声不响地刻苦钻研，反复实践，终于成功了。那位教授兴奋地说："童第周真行！"这件事震动了欧洲的生物学界，也为中国人争了气。

人人生而平等，为什么你外国人要瞧不起我中国人？这种不公平的待遇，似乎真的值得童第周生气。但光生气有什么作用？生气仅仅是一种情绪化的表现而已，仅仅停留在口头或拳头之上。但争气却是一种实实在在的行动反击。争气不是说有就有的，要靠努力才可以实现。争气值得喝彩，争气值得鼓励，争气是最值得人人都学习的。总之，生气是一种消极的发泄，而争气才是一种积极的作为。

争气不是争一时之意气，而是应该考虑到整体形势，不利于己时就忍一忍、让一让，百忍方可成金，不看情况就去争斗的人，只不过是匹夫之勇罢了。能忍住眼前之气，同样是一种可贵的心性，更是一种难得的智慧，忍小气才可以得大益；忍在大处，才能赢在大处。生于战国末年的张良本来名叫姬良，他是韩国的名门之后，其祖父和父亲相继为韩相国，侍奉过五代君王。在公元前 230 年，韩首当其冲遭秦灭。从贵胄公子沦落为亡国之奴，20 岁出头的姬良一度压不住他对秦王的怒火，冲动地想学荆轲去刺杀秦王。在公元前 218 年，他孤注一掷地发动了行刺，结果事情未成反而险些让自己丧命。侥幸逃脱后，姬良改姓张良，于躲避秦王的通缉中幸遇圯上老人。圯上老人刻意侮辱张良，让张良明白自己身上的使命是灭暴秦而非杀秦王。一个身负重大使命的人，看事物的眼光骤然开阔，心胸也不再狭窄。后来，张良以他坚毅的忍耐力、冷静的思考力，辅助刘邦灭秦诛楚，建立了一番伟大的功业。

德国哲学家康德说得好：生气是拿别人的错误来惩罚自己。睿智的话从来就不深奥，康德的话很好理解。一个人若生气，大抵是受了不公平的待遇，挨老板错骂，被恋人背叛……凡此种种，似乎皆不是你的错。那你为什么还要拿别人的错误来惩罚自己，让自己第二次受到伤害？如果一定要说你也有错的话，应该是你做得还不够优秀。再努力一点，做老板不可或缺的臂膀，他不光会减少错骂你的次数，甚至连正常的批评也许都会斟字酌句。再优秀一些，活出一个精彩的你，让背叛的人后悔去吧！

"生气"与"争气"虽然只是一字之差，态度却是大不相同：生气是做人上的失败，争气是做事上的成功。所以，碰上生气时抱怨少一点，担心少一点；平静多一点，稳重多一点。生活就是这样，你看得开便满眼鲜花；看不开就是满眼荆棘。

反省自己的不足并改正

一位女士找到人际关系大师卡耐基，向他诉苦说：为什么我身边的每一个人总是和我作对？卡耐基回答：那一定是你的错。

如果很多人都喜欢欺侮你、整你、算计你，错的一定不是别人，而是你自己。

有个客人在机场搭上一辆出租车。这辆车地板上铺了羊毛地毯，地毯边上缀着鲜艳的花边。玻璃隔板上镶着名画的复制品，车窗一尘不染。客人惊讶地对司机说从没搭过这样漂亮的出租车。

"谢谢你的夸奖。"司机笑着回答。

"你是什么时候开始装饰你的出租车的?"客人问道。

"车不是我的，"他说，"是公司的，多年前我本来在公司做清洁工人，每辆出租车晚上回来时都像垃圾堆。地板上尽是烟蒂和火柴头，座位或车门把手甚至有花生酱、口香糖之类的黏黏的东西。我当时想，如果有一辆保持清洁的车给乘客坐，乘客也许会多为别人着想一点。"

"我在领得出租车司机牌照后，便马上照那个主意办。我把公司给我驾驶的出租车收拾得干净明亮，又弄了一张薄地毯和一些花。每个乘客下了车，我就查看一下车子，一定要替下一个乘客把车准备得十分整洁。"

"从开车到现在，客人从没令我失望过。从来没有一根烟蒂要我捡拾，也没有什么花生酱或冰激凌蛋筒尾，更没有一点垃圾。先生，就像我所说的，人人都欣赏美的东西。如果我们的城市里多种些花草树木，把建筑物修得漂亮点，我敢打赌，一定会有更多人愿意有垃圾箱。"

坐出租车的客人不讲究卫生，这是很多出租车遇到的一个老

　　大难问题。上面的这位出租车司机的高明之处在于，不埋怨、不抱怨，不从别人身上找缺点，只从自己身上找原因。结果，他的事情做得很到位，一切问题都解决了。

　　记住，只有平庸的人才喜欢找种种外界不是的理由，却不愿意审视自己的不是。他们看得见别人脸上的灰尘，却看不见自己鼻子上的污点。而强者们却总是在调整自己、提高自己，努力地将自己打造成一个与外界和谐的人。

第五章
淡泊心性，拥抱生活

　　你是否常常会觉得做人辛苦、处世艰难？其实，这些辛苦与艰难，大多是来自于你个人。人本是人，根本就不必刻意去做人；世本是世，也无须精心去处世——这是自在人生提倡的宗旨。禅宗认为参禅的三重境界：参禅之初，看山是山，看水是水；禅有悟时，看山不是山，看水不是水；禅中彻悟，看山仍然是山，看水仍然是水。人之一生，其实也经历着参禅的三重境界，最重要的是淡泊名利，享受生活，才能得到真正的自在与快乐。

放慢脚步，看看身边的美景

在墨西哥，有学者要到高山顶上印加人的城市去，他们雇了一群印加挑夫运送行李。在途中，这群挑夫突然坐下来不走了，学者火急火燎地催促他们也没有效果，并且一坐就是几小时。后来，他们的首领才说出挑夫不走的理由。因为他们觉得人要是走得太快了，就会把灵魂丢在后面，他们走了一段时间，现在需要等等灵魂。首领说："每当我们急行了三天，就一定要停下来等等灵魂。"

人走得太快，要是不停下来等一等的话，就会丢失灵魂！这话真是让人听了如醍醐灌顶。我们为了更好地生活，为了更大限度地实现自身价值，努力地奔跑，甚至玩命地拼搏。人生很短暂啊，要抓紧时间莫虚度啊……结果，我们一个个都成了与时间赛跑、与命运决斗的机器。

什么才是尽头呢？家财万贯？官拜正部……如果不知道停歇的话，永远没有尽头。《菜根谭》里有这样一句话："忧勤是美德，太苦则无以适性怡情。"这句话其实和墨西哥土著所谓的"灵魂丢失"说有异曲同工之妙。这句话的大意是说，尽心尽力去做是一种很好的美德，但是过于辛苦地投入，就会让自己失去愉快的心情和爽朗的精神。灵魂也好，愉快的心情和爽朗的精神也罢，都是人的幸福之本。没有灵魂，人不过是行尸走肉而已；没有愉快的心情和爽朗的精神，还有什么人生的乐趣呢？年轻时，是人生最应该努力奋斗的时候，努力奋斗是一项优秀的品质，但努力也应该讲个时机，有个限度。不少年轻人都难免有为别人而活的感慨：为公司、为社会、为父母、为老婆、为孩子、为朋友、甚至为邻居——有些是你的义务，有些是你的责任，正值当年的你在很多事情中忙得团团转，很难腾出时间与精力去做自己真正想做的事。感觉上好像每个人都想侵占一点你的时间，只有你自己一点时间也没有。

唯一的解决之道就是与自己定个约会，就像你与恋人或好友订下约会一样。除非有意外事故，否则你要谨守约定。和自己订约会的方法其实很简单：在日历上画出几个不让任何人打扰的空白日子。一周一次或一个月一次都可以，而且时间长短不限，就算只是几小时也可以，重点在于你为自己留下一点空白，这段空白的时光对你的心灵有平衡与滋养的作用。其次是当别人要跟你约定时间时，绝对不能将这段神圣的时光牺牲了。你要特别珍惜这样的时光，甚至将它看得比任何时光都重要。别担心，你绝不会因此而变成一个自私的人，相反，当你再度感到生命是属于自己的时候，你会感到无尽的欢乐，也能更轻易地满足别人的需要。

好了，让我们读一首英国作家威廉·亨利·戴维斯的小诗，以此来体会什么是享受悠闲的欢乐，如何享受悠闲的快乐！

这不叫什么生活，

总是忙忙碌碌，

没有停一停，看一看的时间。

没有时间站在树荫下，

像小羊那样尽情瞻望。

没有时间看到，

在走过树林时，

松鼠把壳果往草丛里搬。

没有时间看到，

在大好阳光下，

流水像夜空般群星点点闪闪。

没有时间注意到少女的流盼，

观赏她双足起舞蹁跹。

没有时间等待她眉间的柔情，

展开成唇边的微笑。

理性对待年龄的增长

一个国王独自到花园里散步，使他万分诧异的是，花园里所有的花草树木都枯萎了，园中一片荒凉。后来国王了解到，橡树由于没有松树那么高大挺拔，因此轻生厌世死了；松树又因自己不能像葡萄那样结许多果子，伤心死了；葡萄哀叹自己终日匍匐在架上，不能直立，不能像桃树那样开出美丽可爱的花朵，于是愁死了；牵牛花也病倒了，因为它叹息自己没有紫丁香那样芬芳；其余的植物也都垂头丧气、没精打采，只有那细小的心安草在茂盛地生长。

国王问道："小小的心安草啊，别的植物全都枯萎了，为什么你这小草却这么勇敢乐观，毫不沮丧呢？"

小草回答说："国王啊，我一点也不灰心失望，因为我知道，如果国王您想要一棵橡树，或者一棵松树、一丛葡萄、一株桃树、一株牵牛花、一棵紫丁香什么的，您就会叫园丁把它们种上，而我知道您希望于我的就是要我安心做小小的心安草。"

也许有人会认为，甘心做一棵"无人知道的小草"的想法过于消极。可世界是由丰富多彩的万千物态组成，每个人都有属于自己的角色，重要的不在于我们做什么，而在于我们能否成为一个最好的自己、接受我们自己并深深地喜欢自己。

近年来，"平常心"这个词经常出现在人们的口中或笔下，每当人们面对得失成败、贫富穷困或生老病死时，往往会说："要有一颗平常心……"

什么是"平常心"？对于这个源自佛家的词语，如果用宗教的观点去解说，就可能牵扯出一番大道理来，让人丈二和尚摸不着头脑。其实，所谓平常心，不过是我们日常生活中经常会出现的对周围所发生的事情的一种心态。平常心不过是一种平凡、自然的心态。

　　平常心说起来容易，但要真正做到却并不是那么简单的。

　　有个故事讲的是一个人射箭，拉弓去射挂在树上的瓦片时，一次次都射中了；等到拉弓去射挂在树上的金片时，却无论如何也射不中。人还是那个人，弓还是那把弓，为何前后结果如此悬殊？原来，那瓦片太平常，射箭人的心也就平常了，眼不花手不抖，自然百发百中；碰到了价值不菲的金片，心里就不平常了，眼神手臂一齐来毛病了。

　　人应该学学花木，开得自然，谢得也自然，即使自己是国色天香的牡丹，落也该爽然落去！不要希冀自己永远不凋谢！平平常常的一个道理，就在于百花都会有开有落。人也一样，总有得意与失意之时，得意时莫骄傲自大；失意时莫悲观低落，无论何时，都应持着一份平常心。

　　有平常心在，你便少了几分浮躁，多了一些宁静，就会把自己和别人平等起来，会像看一本通俗读物一样把别人读懂，同时也读懂了自己。有平常心在，你便能坦然接受人生的起起落落及世事无常的变化，从而踏踏实实地去走好每一步，认认真真地去过好每一天。

三步教你摆脱忧虑

世界上有成千上万的人因为忧虑而毁了自己的生活，因为他们拒绝接受已经出现的最坏情况，不肯由此以求改进，不愿意在灾难中尽可能地为自己救出点东西来。

心理忧虑是很多人无法摆脱的一种苦痛，其原因：一是竞争压力太大，二是没有良好的心理处方。成大事者处理忧虑的办法倒也很简单："接受我所不能改变的，改变我所不能接受的。"

有一个笑话，说的是有一个酒鬼疑心他在一次醉酒中把一个酒瓶子吞了下去，为此他整天忧虑不已，最后到医院要求开刀取出酒瓶。医生拿他没办法，只好给他开刀，然后拿出一只预先准备好的酒瓶骗他，不料他说他吞下的啤酒瓶不是那个牌子的，医生只好再开刀骗他一次。

1999 年，有个青年听信了世界末日将要到来的传闻，拿出他辛苦多年的所有积蓄到一个酒店里大吃大喝，醉酒醒来后发现自己躺在医院里，原来他大醉后在路旁把自己摔伤了，幸亏好心人把他送到医院，否则，他真的就到了末日。

这种无根据的杞人忧天往往不攻自破，生活中一些糟糕的情况如果让你忧虑不已，这里倒有一个有效消除忧虑的简单办法，这个办法是威利·卡瑞尔发明的。卡瑞尔是一个很聪明的工程师，他开创了空调制造业，现在是瑞西卡瑞尔公司的负责人。而解决忧虑的最好办法，竟然是卡瑞尔先生在纽约的工程师俱乐部吃中饭的时候想到的。

"年轻的时候，"卡瑞尔先生说，"我在纽约州水牛城的水牛钢铁公司做事。我必须到密苏里州水晶城的匹兹堡玻璃公司——一座花费好几百万美金建造的工厂，去安装一架瓦斯清洁器，目的是清除瓦斯里的杂质，使瓦斯燃烧时不至于伤到引擎。这是一种清洁瓦斯的新方法，以前只试过一次——而且当时的情况很不相同。我到密苏里州水晶城工作的时候，很多事先没有想到的困难都发生了。经过一番调整之后，机器可以使用了，可是效果却不能达到我们所保证的程度。我对自己的失败非常吃惊，觉得好像是有人在我头上重重地打了一拳。我的整个肚子都开始痛起来。有好一阵子，我担忧得简直没有办法睡觉。最后，我的常识告诉我，忧虑并不能够解决问题，于是我想出一个不需要忧虑就可以解决问题的办法，结果非常有效。我这个反忧虑的办法已经使用了 30 多年。这个办法非常简单，任何人都可以使用。其中共有三个步骤：第一步，先不用害怕但要认真地分析整个情况，然后找出万一失败可能发生的最坏情况是什么。没有人会把我关起来或者因此把我枪毙。第二步，找到可能发生的最坏情况之后，让自己在必要的时候能够接受它，待真的发生最坏情况时，使自己马上轻松下来，感受到几天以来所没体验过的一份平静。第三步，这以后，就平静地把自己的时间和精力，拿来试着改善心理上已经接受的那种最坏情况。"

为什么威利·卡瑞尔的万灵公式这么普通却这么实用呢？

从心理学上讲，它能够把我们从那个巨大的心理阴影中拉出来，让我们不再因为忧虑而盲目地摸索；它可以使我们的双脚稳稳地站在地面上，尽管我们也都知道自己的确站在地面上。如果我们脚下没有结实的土地，又怎么能希望把事情想通呢？

当我们接受了最坏的情况之后，我们就不会再损失什么，也就是说，一切都可以从头再来。"在面对最坏的情况之后，"威利·卡瑞尔告诉我们说："我马上就轻松下来，感到一种好几天来没有经历过的平静。然后，我就能思考了。"

很有道理，对不对？

返璞归真，保持童心

时间在我们渴望长大中似乎过得很慢，而在我们成年后的回首中又过得太快。假如有人问人生何时最快乐，恐怕绝大多数人都会说是童年。记忆深处的童年里，捉迷藏、放风筝、修房子、踢毽子、扔沙包、跳橡皮筋、过家家、堆沙堡……五彩斑斓，绚烂夺目，充满了欢笑和阳光，

就像郑智化在《水手》中唱的那样：长大以后，为了理想而努力。我们的心中逐渐有了理想，有了诱惑，开始忙忙碌碌，心事也多了起来。

相比大人来说，儿童可说是最懂得享受人生的专家了。有一天，年轻的妈妈问 9 岁的女儿："孩子，你快乐吗?"

"我很快乐，妈妈。"女儿回答。

"我看你天天都很快乐"

"对，我经常都是快乐的。"

"是什么使你感觉那么好呢?"妈妈追问。

"我也不知道为什么，我只觉得很高兴、很快乐。"

"一定是有什么事物才使你高兴的吧?"妈妈锲而不舍。

"……让我想想……"女儿想了一会儿，说："我的伙伴们使我幸福. 我喜欢他们。学校使我幸福，我喜欢上学，我喜欢我的老师。还有，我喜欢上公园。我爱爷爷奶奶，我也爱爸爸和妈妈，因为爸妈在我生病时关心我，爸妈是爱我的，而且对我很亲切。"

这便是一个 9 岁的小女孩幸福的原因。在她的回答中，一切都已齐备了——和她玩耍的朋友（这是她的伙伴）、学校（这是她读书的地方）、爷爷奶奶和父母（这是她以爱为中心的家庭生活圈）。这是具有极单纯形态的幸福，而人们所谓的生活幸福亦

莫不与这些因素息息相关。

有人曾问一群儿童"最幸福的是什么?"。结果男孩子们的回答包括：自由飞翔的大雁；清澈的湖水；因船身前行，而分拨开来的水流；跑得飞快的列车；吊起重物的工程起重机；小狗的眼睛……而女孩子们的回答则是：倒映在河上的街灯；从树叶间隙能够看得到红色的屋顶；烟囱中冉冉升起的烟；红色的天鹅绒；从云间透出光亮的月儿……

看，童心是如此纯净、如此容易得到满足！我们也曾经那样的快乐与幸福，只是被岁月砂轮的磨砺，使我们失去了天真烂漫的本性，失去了那份纯真无邪的童心，或许这就是我们不快乐、不健康的重要原因。

我们还能够找回失去的童心吗？能的！找回童心，也不是多么复杂的事情。古人云"童子者，人之初也；童心者，心之初也。夫心之初岂可失也！"我们若能鄙尘弃俗，息虑忘机，回归本心，便就是找回了童真、童趣与童心。这样，我们就会形神合一，专气致柔，纯洁无邪，通达自守，并且使我们内心与外在均无求而自足！

多一点童心，就会多一点单纯；多一点幻想，就会多一点浪漫；多一点潇洒，就会多一点属于你自己的……

大道至简，丢弃生活的包袱

你是否经常有"很累"的感觉？你是否想过究竟是什么让我们如此劳累与疲惫？

如果仅仅只是劳累与疲惫还不算最糟糕，最糟糕的是：我们甚至还对今后的日子产生恐惧甚至绝望，觉得只有永远像一个战士般冲杀，才不会落在人后。社会达尔文主义是现代人信奉的原则，此时却被无限放大到生活中。欲望的都市里到处都充斥着痛苦的灵魂，在许多昏暗的酒吧里唱着空虚寂寞，喝得要死要活；有人在放纵，有人在毁灭。生活越来越繁复，而心情越来越烦闷；人与人走得越来越近，而心灵却隔得越来越远；楼越来越高，人情味越来越薄；娱乐越来越多，快乐却越来越少……

在生活变得越来越复杂，超出你的想象和理解的时候，你是否怀念过从前不名一文但依然快乐的时光？没有电视机也没有其他的便利，穿的衣服也好，家具也好，都是家人按照最古老最朴素的方式制造，让人好安心。在一个偏远、宁静的小村庄，那里的人对于一朵鲜花的赞赏，比一件名贵的珠宝要多。一次夕阳下的散步，比参加一场盛大的晚宴更有价值。他们宁可在一棵歪脖子老树下打牌下棋，也不愿去参加一场奖金丰厚的棋牌竞技。他们重视的是简单生活中的快乐，不会远离阳光、新鲜空气与笑声……感谢简单，他们因此而拥有幸福与快乐。

那些简单生活的日子似乎一去不返了，但真的就没有其他可能了吗？

近年来，在西方发达国家兴起一种叫"简单生活圈"的活动。这种在草根人士中盛行的活动，强调的是如何简化自己的生活，提倡完全抛弃物欲。但是在我们的欲望之上，我们会自我设限，而且这种设限并非来自外力，而是自己心甘情愿——你了解到其中的深意，并能真正地享受你现在所拥有的一切。简单生活，使自己有更多空闲的时间、金钱与能量，你可以有更多机会与自己及家人相处。

许多人都会因自己跟不上邻居的生活水平，平日忙忙碌碌于单调乏味的工作，最后变得心情沮丧，而且持续着这样的恶性循环，最后生活中只有压力、疯狂的消费与被浪费的时间而已。大多数人都会陷入这种无止境的需求、渴望与物欲当中。似乎许多人都相信多就是好——更多的东西、更多的事情、更多的经验，等等。但是生命的真相真的仅止于此吗？

在某些时候，我们会忙到没有时间享受生活，似乎一分一秒都在计算之中，都被排在计划之中。我们经常由一个活动赶到下一个活动，对手边正在做的事毫无兴趣，反而对"下一场"是什么充满期待。

除此之外，大多数人都会想要更大的房子、更好的车子、更多的衣服与更多的东西。无论我们已经拥有多少，总是感觉永远不够。我们对物欲的需求已然是个无底洞。

简单生活圈这个有趣的概念，并不去刻意强调限制富人的财富，而是在鼓励大多数人认清生活真相。有一些收入微薄的人，他们也主张简单生活圈的概念，同时认为自己所得已足够自己所需。这同样是想得开，放得下，绝对令人佩服。

有时候简化生活代表着你会选择住一间便宜的小公寓，而不是拼命挣扎着要买一间大房子。这样的决定让你的生活轻松自在，因为你有能力负担便宜的租金。另外一种简化的例子是吃得简单、穿得简单、生活得简单，而且互相交换旧衣物。总之，所有的重点都在让生活更自在、更简单。

几年前，希明将在豪华商务区的办公室搬到了另一个地方，这个简化的策略带来许多好处。首先，这间办公室比原先那间要便宜很多，减少了一些财务上的压力。另外，新办公室离家很近，他不需要花时间长途跋涉才能到办公室，以前需要 60 分钟的车程，现在只要步行 5 分钟就行了。希明一年几乎要工作 50 周，现在这个简化的策略，使他无形中一年省下了 200 多个小时。当然，以前的办公室看起来气派一些，但是真的值得他那样的付出吗？回头看看，还真不值得呢！他说："再给我一次机会，我还是会做同样的决定，毕竟我的客户都开车，而那里停车位很紧张。"

简单生活圈不是单一的决定，也不是自甘贫贱。你可以开一部昂贵的车子，但仍然可以使生活简化。你可以享受、拥有、渴望好东西，但仍然能过着一种简单的生活方式。关键是诚实地面对自己，看看生命中对自己真正重要的是什么？如果你想要的是多一点时间、多一点能量、多一点心灵的平静，建议你多花一点时间来想一想如何简单生活圈的概念。

当人在物质上的要求减少时，精神上的收获会增加。爱默生曾说："快乐本身并非依财富而来，而是在于情绪的表现。"当我们腾出心灵的空间，从各个角度去体验人生，当我们开始了解到自以为必需的东西其实很多是可以不要的时候，就可以发现：我们现在拥有的东西已足够让人快乐了。

学习庄子的生活哲学

逍遥，指的是没有什么约束、自由自在——当然，法律与道德的约束还是需要的。也就是说，逍遥是一种基于心灵大自在之上的行为大潇洒。逍遥表现在自然个性的呈现、精神思维的自由和言谈举止的洒脱。

史上最著名的逍遥派大概就是古代那个庄子了。这个逍遥派的掌门人，在《庄子·齐物论》说了一个这样的故事：有一天，他梦见自己变成了蝴蝶，一只翩翩起舞的蝴蝶。自己非常快乐，悠然自得，不知道自己是庄周（庄子）。一会儿梦醒了，却是僵卧在床的庄周。不知是人做梦变成了蝴蝶呢，还是蝴蝶做梦变成了人呢？

一上面就是"庄周梦蝶"的典故。看看，庄子（庄周）多么糊涂，一觉醒来，居然分不清楚自己到底在现实中还是梦中，也不知道自己到底是一只蝴蝶还是一个人。

人生的目的是什么？这个亘古以来的千年追问。有人认为拥有至高的权位最爽，可以享受支配他人的快感。有人认为拥有金山银山胜过所有，因为金钱可以换取很多东西。有人认为拥有好的名声最重要，即使死了也还会活在人们心中。更有人什么都可以不要，只要美人……

但是庄子飘然而来，把手中的拂尘轻轻一扬，便击碎了尘世中的所有牵绊。他说：快乐至上。他在《庄子·至乐》中说："夫富者，苦身疾作，多积财而不得尽用，其为形也亦外矣。夫贵者，夜以继日，思虑善否，其为形也亦疏矣。人之生也，与忧俱生，寿者惛惛，久忧不死，何苦也！"意思说：富有的人，劳累身形勤勉操劳，积攒了许许多多财富却不能全部享用，那样对待身体也就太不看重了。高贵的人，夜以继日地苦苦思索怎样才能保住权位和厚禄，那样对待身体也就太忽略了。人们生活于世间，忧愁也就跟着一道产生，长寿的人整日里昏聩不堪，长久地处于忧患之中而不死去，多么痛苦啊！

人是伟大的，但也是渺小的。人可以改变一些事物，但对于大自然的命运却经常无能为力。一个下雨的早晨，再多公鸡的鸣叫也唤不出太阳。与其呐喊、抱怨与诅咒老天，不如撑一把雨伞来个雨中漫步，给自己一份悠闲与浪漫。当追求幸福的人因求之不得而苦恼的时候，只要换一种心态，就能很容易地体会到逍遥的快乐。当一个人与幸福失之交臂的时候，也许恰好具备了逍遥的条件。得到和失去一样能够快乐，这就是生活的公平、公正和微妙。

人本是人，不必刻意做人；世本是世，不必精心处世。这就是返璞归真之人生大自在的箴言。

定期给心灵做清洁

人生俭省几分，便超脱几分。在人生的路上，莫让自己的心灵成为"垃圾填埋场"。

家乡有年前大扫除的风俗，在将平时的物件逐一清理时，我们常常惊讶自己在过去短短几年内，竟然积累了那么多的东西？

人心又何尝不是如此！在人的心中，每个人不都是在不断地累积东西？这些东西包括你的名誉、地位、财富、亲情、人际、健康、知识，等等。另外，当然也包括了烦恼、郁闷、挫折、沮丧、压力，等等。这些东西，有的早该丢弃而未丢弃，有的则是早该储存而未储存。

不妨问自己一个问题：我是不是每天都在忙忙碌碌，把自己弄得疲惫不堪，以至于总是没能好好静下来，替自己的心灵做一次清扫？

对那些会拖累自己的东西，必须立刻放弃——这是心灵大扫除的意义，就好像是做生意的人"盘点库存"。你总要了解仓库里还有什么，某些货物如果不能限期销售出去，最后很可能会因积压过多拖垮你的生意。

很多人都喜欢房子清扫过后焕然一新的感觉。你在擦拭掉门窗上的尘埃与地面上的污垢，让一切整理井然之后，整个人就好像突然得到一种释放。这是一种"成就感"，虽然它很小，但能给人带来愉悦。

在人生诸多关口上，人们几乎随时随地都得做"清扫"。念书、出国、就业、结婚、离婚、生子、换工作、退休……每一次的转折，都迫使我们不得不"丢掉旧的自己，接纳新的自己"，把自己重新"打扫一遍"。

不过，有时候某些因素也会阻碍人们放手进行"扫除"。譬如，太忙、太累；或者担心扫完之后，必须面对一个未知的开始，而自己又不能确定哪些是想要的。万一现在丢掉的，将来需要时捡不回又该怎么办？

的确，心灵清扫原本就是一种挣扎与奋斗的过程。不过，你可以告诉自己：每一次的清扫，并不表示这就是最后一次。而且，没有人规定你必须一次全部扫干净。你可以每次扫一点，但你至少必须立刻丢弃那些会拖累你的东西。

我们的心灵毕竟无法做到"菩提本无树，明镜亦非台"的佛家最高境界，但我们可以做到"时时勤拂拭，毋使染尘埃"！

跳出生活的条条框框

张艾嘉是一个美丽而又杰出的全能女艺人。她祖籍山西五台，1953年生于台湾。张艾嘉不但是优秀的歌星、演员，还是突出的女性导演、编剧、制片。曾荣获两届台湾金马奖影后、一届香港金像奖影后、一届金马奖最佳女配角奖。她是罗大佑口中的"小妹"，她是李宗盛、梁咏琪心目中的"张姐"，她是美国《时代》杂志曾以三页篇幅推介的人物，她是位德高望重的偶像。从影30多年来主演过近百部电影。步入20世纪80年代后，张艾嘉减少了幕前演出，醉心于幕后工作，所执导的电影得到行内人肯定，其中的《少女小渔》《今天不回家》荣获多个电影奖项。

张艾嘉从20世纪70年代至今，始终活跃在电影圈中，见证着中国电影的发展，也经历了香港和台湾电影的新浪潮时期。黑白分明的大眼睛，甜美温柔的笑容，是当年张艾嘉年轻时最吸引人的地方。然而除了拥有美丽的外表，张艾嘉最让人心动的还是她在电影方面所表现出来的脱俗才情。

张艾嘉虽然事业上一直顺顺利利，但在爱情上却经历了几许风雨。张艾嘉的首任丈夫刘幼林，曾任美联社驻香港分社社长。当年张艾嘉25岁，这段婚姻只维系了6年。第二任丈夫王靖雄。张艾嘉在37岁为他未婚生子，儿子名叫王令尘，英文名叫奥斯卡。王当时仍是有妇之夫，已经有一对20岁和17岁的儿子。次年，王才办理好离婚手续，与张艾嘉正式结婚。这段感情也让张艾嘉尝尽了人间的悲欢离合，当时她顶着勾引有妇之夫的骂名和之后的未婚产子的风波，令她倍感身心疲惫，但是这个坚强的女子还是坚持了下来。她说儿子是她那个时候最大的精神支柱。

张艾嘉终于有了一个家，她的人生中心开始朝家人身上转移。她给尚在襁褓里的儿子奥斯卡制定了一个清晰的计划，决定从小开始培养儿子，让他成为"张艾嘉"这个金字招牌上最耀眼的那点金漆。

都说"三代出贵族"，为了培养出儿子的贵族气质，张艾嘉从最细微处开始，衣食住行时时处处刻意培养。儿子稍有不对就马上纠正，以至于老公说她不像是在养儿子，像是在组装电脑，把所有最先进的顶级软件全部塞进去，却不知硬盘本身能否容纳。

张艾嘉的造星计划按部就班地进行着。到奥斯卡4岁多的时候，小绅士的雏形已经显山露水了：一口地道的英式英语无可挑剔；不管是钢琴还是小提琴，总能很漂亮地来上一段；和张艾嘉一起去西餐厅，尽管还不能帮妈妈拉椅子，却一定会等到妈妈落座以后再坐下；在学校里整天都保持干净与礼貌，是所有老师公认的"小天使"；所有的同学都用仰视的目光看着他。张艾嘉虽然看得出来儿子并不快乐，但她坚定地认为自己所做的没有错。

到奥斯卡5岁那年，张艾嘉的造星计划开始进入了另一个阶段。她决定把儿子推到了大众面前。那年，张艾嘉应邀前往泰国北部采访难民村，她特意带上儿子随行。在拍摄过程中，张艾嘉把预先为儿子设计好台词，并让儿子背熟，然后将他推到了摄影机前。电视台播放后，香港顿时轰动，所有人都惊为天才。在香港成功后，张艾嘉乘胜追击，随即将儿子带回台湾，带他参与了一个国际品牌的童装展示会，并让他上台走童装秀。各大媒体纷纷对此大肆报道，奥斯卡在一夜之间又红透台湾。以后的日子里，张艾嘉利用自己的知名度，不遗余力地打造着儿子。而奥斯卡也不负所望，其表现可圈可点，很快成为第一童星。

人世间的事情，总是难以预料。当奥斯卡的路理所应当顺风顺水时，一个天大的意外出现了。2000年7月5日，10岁的奥斯卡在放学后失踪了。几个小时后，张艾嘉接到了电话——儿子被绑架了，绑匪开价2000万元港币。

张艾嘉为了筹集赎金，卖了自己的不动产，取空了所有的银行存款，也只有800万元。与绑匪在电话里讨价还价之后，终于敲定以800万元成交。尽管绑匪一再威胁不许报警，在再三斟酌后，张艾嘉还是暗中报警。警方很快通过电话监听跟踪查出了绑匪的藏身之处，将3名绑匪一举擒获。当张艾嘉打开奥斯卡藏身的箱子时，倒吸一口凉气——绑匪已经在箱子里准备好了香烛冥纸。很明显，绑匪已经做好了收到钱就撕票的打算。

绑架事件，对10岁的奥斯卡造成极大的精神刺激。奥斯卡开始变得有点神经质，再也不愿意出席任何公众场合。一回家，奥斯卡就钻进自己的房间锁上门，就连叫他吃饭也不出来。把饭送到门口也不开门，只允许用人把饭放在门口，等用人离开了才偷偷开门自己把饭拿进去。看着以往闪耀光芒的儿子，如今像一只惴惴不安的小鼠般草木皆兵，张艾嘉开始反思自己的人生观。

咨询了无数心理专家，张艾嘉得到的建议只有一个——时间疗法。张艾嘉收起眼泪，告诉自己：这有什么大不了的，老天已经对我很宽厚了，把活生生的儿子还给了我。她开始学着用母爱的本能去和奥斯卡共处，一切的一切都是为了让他高兴，由着他去做他想做的事情；而不再是——要求他做这做那，设置很多条条框框。

张艾嘉在《儿子让我懂得幸福的含义》一文中，曾这样写道——

"有一次在埃及，我们骑着一头骆驼，在金字塔前面端详狮身人面像，儿子坐在前面，靠在我怀里，骆驼脖子上的鬃毛蹭得他的小腿发痒，我让他将腿盘起来，半躺在我的怀里，左手帮他抚摸着蹭红的小腿，右手轻轻摸着他的头发。儿子忽然动了动，将脑袋往我的胸前挤了挤，梦呓般道：'妈妈，谢谢！'"

这句感谢让张艾嘉感慨万千："我让他成为全校最优秀的学生，他没有谢谢我；我让他成为第一童星，他没有谢谢我；我倾家荡产去交赎金，他也没有谢谢我。可就在落日大漠里，靠在我怀里的时候，他却那么由衷地感谢我。一句谢谢，顿时让我觉得所有的荣耀都无法与之相提并论。我发觉这样的生活才是儿子真正觉得幸福和满足的日子。"

随着奥斯卡的改变，张艾嘉也在发生着本质的变化。她不再张扬，学会了理解和同情，变得成熟和内敛。她说，通过儿子的绑架事件，她"终于懂得了幸福的含义是：生活平静，家人平安。"

张艾嘉出身名门，外祖父曾是台湾高官，父亲是空军军官，母亲是台湾有名的大美人。出生不久，就跟母亲去美国定居接受教育。这样的身世，加上自己出道以来的风光与顺畅，使她心气很高，对于幸福的标准也是高高在上。这也就是她花那么多精力去打造儿子的原因。她在为幸福处心积虑地打拼了半辈子后，才发现：幸福原来没有那么多的条条框框，"平静"与"平安"就是幸福的真义。

看了张艾嘉曲折的心路，你会有什么感触呢？

第六章

摆脱较真， 寻找快乐

当我们容许别人掌控我们的情绪时，我们便觉得自己是受害者，于是抱怨与愤怒成为我们唯一的选择。我们开始怪罪他人，并且传达一个信息："我这样痛苦，都是你造成的，你要为我的痛苦负责！"这样的人使别人不喜欢接近，甚至望而生畏。一个成熟的人能够握住自己快乐的钥匙，他不期望别人使他快乐，反而能将自己的快乐与幸福带给周围的人。

我们身处的地方，不论是环境、人、事、物，都很容易影响我们的情绪，可是千万别忘了，决定快乐的钥匙，只在你自己手中，不去与生活处处较真，方能得到快乐！

快乐的人生最自在

有一天，一个朋友慌慌张张地跑来对美国作家爱默生说："预言家说，世界末日就在今晚！"

爱默生望着他，平静地回答："不管世界变化如何，我依旧照自己的方式过日子。"

爱默生的回答十分耐人寻味，他面对动荡不羁的人生采取的是一种"随便"的态度，并从中获得了快乐。

爱默生的生活态度，说明在世上想要享受真正的生活，一定不要在乎那些自己所无法掌控的坏消息。就算哪天世界末日真的会降临到你的身上，你也无须担心。世界末日你根本无法阻止，并且只会来一次。而现在世界末日也还没来，不是吗？

就像某位哲人所说的："我们不需要恐惧死亡，因为事实上我们永远不会碰到它。只要我们还在这儿，它就不会发生，当它发生时，我们就不在这儿了，所以恐惧死亡是没有意义的。"

有天下午，周艳正在弹钢琴，7岁的儿子走了进来。他听了一会说："妈，你弹得不怎么动听！"

不错，是不怎么动听，甚至任何认真学琴的人听到她的演奏都会挑出不少错误，不过周艳并不在乎。多年来，周艳一直就这样不断地弹着，她弹得很高兴。

周艳也曾热衷于不动听的歌唱和不耐看的绘画，从前还自得其乐于蹩脚的缝纫。周艳在这些方面的能力不强，但她不以为耻，因为她不是为他人而活着，她认为自己有一两样东西做得不错就足够了。

生活中的我们常常很在意自己在别人的眼里究竟是一个什么样的形象。因此，为了给他人留下一个比较好的印象，我们总是事事都要争取做得最好，时时都要显得比别人高明。在这种心理的驱使下，人们往往把自己推上了一个永不停歇的痛苦循环。

事实上，人生活在这个世界上，并不是一定要压倒他人，也不是为了他人而活着。人活在世界上，所追求的应当是自我价值的实现以及对自我的珍惜。不过值得注意的是，一个人是否能实现自我，并不在于他比他人优秀多少，而在于他在精神上能否得到幸福和满足。只要你能够得到他人所没有的幸福，那么即使表现得不出众也没有什么。

人的一生，如同在江河中泅渡。身边有时是惊涛拍岸卷起千堆雪，有时是长沟流月去无声……一味地强渡抢渡，最容易陷入举步维艰、事倍功半的境地。而如果你懂得了"随"字诀，对于人生的各种变故与动荡就不会那么手足无措，大可以在轻松写意中化解各种矛盾。

所谓"随"，不是跟随，而是顺其自然，不躁进、不强求、不过度、不怨恨。《道德经》中"人之生也柔弱，其死也坚强；草木之生也柔脆，其死也枯槁"，一语道破了顺其自然的根本理由——为了生存。有机的生命体从来都是柔性的，只有在死亡之后才变得坚硬。而坚硬的东西通常都易受损、易碎、易灭失。所谓"柔弱者，生之途；坚强者，死之途"，因此，生存之本是顺其自然，为人处世，亦是如此。

所谓"随"，不是随便，不是随波逐流，而且还是一种有智慧的勇敢。它是怀着坚定的信念，顺天道、识大体、持正念、择正行，在顺应中努力，在屈中求伸。要修成糊涂真功，先得学会"随"字心法。心境放随和了，身段就柔和了。能进则进，当止就止，于不经意间收获丰赡的人生。

老子曾经赞美水说：上善若水。他认为水有七种美德（七善），其中有两种分别为"事善能""动善时"。前者的意思是：处事像水一样随物成形，善于发挥才能。后者的意思是：行动像水一样涵溢随时，顺应天时。由此可见，道家的无为，实质上是指遵循事物的自然趋势而为，即凡事要"顺天之时，随地之性，因人之心"，而不要违反"天时、地性、人心"，凭主观愿望和想象行事。

随便一点，随和一些，水自漂流云自闲，花自零落树自眠。世间热闹纷扰，你抽身而出，不为利急，不为名躁，不激动，不冲动，进退有据，左右逢源。这样貌似糊涂的人生，何尝不是一种幸福人生？

"春有百花秋有月，夏有凉风冬有雪；若无闲事挂心头，便是人间好时节。"这首诗出自无门慧开禅师。大自然非人力所能为，却一年四季各应其时，各有其美。与自然之美，生命之美相比，其他种种不过是闲事罢了。

适当给自己制造快乐

当坎坷和挫折接踵而来，一次次落在你的肩头时，你是否觉得自己是这个世界上最不幸的人？当你的生活屡遭磨难，你是否觉得忧愁总多于欢喜？其实，欢喜只是一份心情，一种感受，就看你如何去寻找。

实际上，那些唱着歌昂首阔步走路的人，那些怀着许多新的渴望去尝试生活的人，又有几个不负担着沉重的压力？只不过他们将自己的眼泪和悲伤掩藏起来，将欢喜的一面展现给别人，让人觉得他们生活无忧无虑，是世界上最快乐的人，而自己也从这种快乐中真正获得了一份心灵的轻松。

每次在街上游逛，途经一条条长长的街，那些卖瓜果、冷饮、蔬菜的小贩，有的大声地吆喝着；有的就靠在小树旁独自小憩；有的捧着一本书有滋有味地读着，全然没有陇郁和叹息。他们一定生活得比我们艰难和沉重。如果遇到坏天气，或许他们没有一分钱的收入；如果有什么意外，他们必须独自去承担。但是，即使住在低矮的、高价租来的房屋中，依然有喷香的佳肴经他们手变换出来，依然有快乐的歌声在小屋中飘荡——那就是对贫苦生活无言的抗争啊！即便是这样，苦中作乐、朝不保夕的生活，也给了他们一些别人所没有的东西，那就是劳作的欢欣。

当外界种种困厄侵袭你薄薄的心襟，当你悲天悯人时，为什么不让自己给自己制造一份欢喜？

你可以看看云，望望山，散散步，写几首小诗，听一支激昂的歌，把忧伤留给过去。假如从这里所得到的快乐远不能使你摆脱生活的沉重，不妨在心里默默祈祷，并坚信你就是这个世界上最快乐的人。天长日久，一旦在心中形成了一个磁场，并逐渐强化它，尽心尽力去做好每件事，让自己从平凡的生活中得到丝丝欢喜，你真的就可以成为这个世界上最快乐的人。

自认为欢喜，并自得其乐，也是对平淡、无聊，甚至不如意的生活的一种积极抗争。一个人如果一味地沉湎于忧愁的心境，总觉得自己生活得比别人差，处处不顺心，怨天尤人，又怎么能够让自己的生活呈现五彩缤纷，又怎么去获得生活中的乐趣呢？尽管外界可以剥夺许多诱惑你的东西，让你身处逆境，让你免不了心绪沉闷，但是，如果你仍能积极地去创造生活乐趣，去体悟生活中的欢喜，还有什么能阻拦你前进的步伐呢？

客居异乡，每每觉得无聊苦闷时，就常常独自一人上街去看那些平凡的人世。忙忙碌碌的人群，新奇鲜艳的商品，绿树成荫的小道，嬉戏玩闹的孩童，随处可见的小贩。渐渐参透：每个生活在世上的人其实都不容易，但是也没有一个人就此止步不前——因为生活中的欢喜是要自己去寻找的。

人在顺境之中，可以乐观、愉快地生活；人在逆境中，也能乐观、愉快地生活吗？有的人能做到，有的人就不能。

宋代有位高僧，法号叫靓禅师。一次，靓禅师去施主家做佛事，路过一小溪，因前夜天降暴雨，溪水顿涨，加之靓禅师身体胖重，因而陷于溪流之中。他的徒弟连拖带拽，将其拽到岸上。靓禅师坐在乱石间，垂头如雨中鹤。不一会儿，他忽然大笑，指溪作诗曰：

春天一夜雨滂沱，添得溪流意气多；

刚把山僧推倒却，不知到海后如何？

靓禅师在如此倒霉、尴尬的情况下，尚能开怀吟诗，真是糊涂到家了。但这种糊涂，又何尝不是一种超脱、一种自由、一种大欢喜？

要想在逆境中达观、愉快，除了让自己钝化对外界的负面感知之外，一个重要的方法就是换一个角度，站在另一个立场去看待自己所遇到的不幸，设法从中得到快乐。靓禅师陷于溪流之中，一般人认为他应该垂头丧气，自认倒霉而恨恨不已。而靓禅师偏不这样，而是以一种藐视的态度与溪水对话，并在对话的过程中，宽释了心怀，得到了乐趣，变烦恼为大笑，这是何等宽广的胸怀啊！

你能像靓禅师那样乐观地对待生活吗？如果不能，你就试着转变一下观念，记住：

你改变不了环境，但你可以改变自己；

你改变不了事实，但你可以改变态度；

你改变不了过去，但你可以改变现实；

你不能控制他人，但你可以掌握自己；

你不能预知明天，但你可以把握今天；

你不能样样顺利，但你可以事事尽心；

你不能左右天气，但你可以改变心情；

你不能选择容貌，但你可以展现笑容；

你不能决定生死，但你可以提高生命质量。

数数你拥有的幸福

"数数你拥有的幸福。"大师说，"这个练习可以让我们重新发现生命的美好。"

有位先生听了，竟当面哭了起来，他告诉大师："我钱没了、老婆也跑了，我已一无所有，又哪来的幸福？"

大师柔声地问道："怎么会呢？你一定看得见吧？"

"当然！"他不解地抬起头来。

大师说："很好！所以你还有眼睛嘛！你也还听得见，也能说话。还有，从这些遭遇中，你有没有得到一些经验？"

"有。"

"所以，你怎么能说你一无所有呢？"

如果你心情沮丧，你可以常问问自己，有没有一个健全的身体？有没有关心我们的父母或伴侣？有没有爱我们且需要我们的孩子？有没有对未来的期待——一次假期，还是一场聚会？一次等待的邀约？一个期待的梦想……

不要为自己没有的事物去悲伤，要为自己已经拥有的一切去欢喜。多做"数数我们拥有的幸福"这个练习，想办法让自己沮丧的心情飞扬起来。

"数数你拥有的幸福"建立在一个很深刻的哲学思考上的，即：我们的生命价值究竟是什么。对这个问题的回答决定着我们对生活价值的判断和对生活的行动方向，当然也就决定着我们生活的心态。有的人把生命看作是占有，占有金钱，占有权力，占有财富，占有名利，占有……这样的生命，总是把人生的意义定在一个点上，当这个点实现后，就开始追逐下一个点。也许当他到达一个具体的点时，会有一瞬间的快乐，但很快就会被实现下一个点的焦虑所代替。在这样的人生中，人本身成为一种不断追逐目标的工具，而不是生活本身。所以，这种人的人生总是被忙碌、焦虑、紧张所充斥，争名夺利，患得患失，到死也没能放松地享受一下生命的美好。而有的人则把生命看作是上天给予的礼物，是一个打开、欣赏和分享这个礼物的过程。因此，这样的人坚信生命本身是快乐、是爱，无论处在什么样的环境中，即使是非常恶劣的环境中，他们也能泰然处之，就像是在迪斯尼乐园中那样，兴趣盎然地去寻找、发现、享受生命中的每一个乐趣。对于这样的人来说，重要的不是去拥有什么，因为他们知道已经拥有了一切；重要的是他们应该如何去生活，是不是真的理解了自己的生命价值。

美国心理学专家理查·卡尔森博士就看懂了对待生命不同的态度，要求我们"多去想想你已拥有什么而不是你想要什么"。他说："做了十几年的心理学顾问，我所见过的最普通、最具毁灭性的倾向，就是把焦点放在我们想要什么，而非我们拥有什么。不论我们多富有，似乎没有差别，我们还是在不断扩充我们的欲望购物单，但谁都难以确保我们满足的欲望。这种心理可能会说：'当这项欲望得到满足时，我就会快乐起来。'可是，一旦欲望得到满足之后，这项心理作用却又在不断地重复……如果我们得不到自己想要的某一件东西，就会不断想着我们还没有什么，仍然会感到不满足。如果我们如愿以偿得到我们想要的东西，就会在新的环境中重复我们的想法。所以，尽管如愿以偿了，我们还是不会快乐。"

卡尔森博士针对这个问题，提出了他的解决办法："幸好，还有一个方法可以得到快乐。那就是将我们的想法从我们想要什么转为我们已经拥有了什么。不要奢望你的另一半会换人，相反的，多去想想她的优点。不要抱怨你的薪水太低，要心存感激已经有一份工作可做。不要期望去国外度假，多想想自家附近有多好玩。可能性是无穷无尽的……当你把焦点放在你已拥有什么，而非你想要什么时，你反而会得到的更多。如果你把焦点放在另一半的优点上，她就会变得更可爱。如果你对自己的工作心存感激，而非怨声载道，你的工作表现会更好，更有效率，也就有可能会获得发展的机会。如果你享受了在自家附近的娱乐，就没必要等到去国外旅游时再享乐，你同样会得到很多的乐趣。由于你已经养成自得其乐的习惯，因此，如果你真的没有机会去国外旅游，你也并不会在意，反正你也已经拥有美好的人生了。"

最后，卡尔森博士建议道："给自己写一张纸条，开始多想想你已经拥有什么，少去想你还要什么。如果你能这么做，你的人生就会开始变得比以前更好。或许这是你这辈子第一次知道真正的满足是什么意思。"

人的幸福，与其说来自生活的厚馈，不如说来自于日常生活中的微利。

简简单单亦是快乐

一群喜好喝茶的老人，闲来无事，定期相邀品茗话家常。大家的乐趣之一，是找出各式各样名贵的好茶，以满足口欲。

某次，轮到最年长的一位老人做东，他以隆重的茶道接待大家，茶叶是从一个高级昂贵的金色容器中取出来的，放在一只只价值非凡的杯子里，橙黄的茶水倒入其中，如同琼汁般美丽。人人对当天的茶赞不绝口，并要求其公开调配的秘方。

长者悠然自得地应道："各位茶友，你们如此赞赏的好茶，是我刚刚从杂货店买来的，是一般人所喝的最普通最便宜的茶叶。生活中最好的东西，往往是既不昂贵也不难获得的。"

雕塑家罗丹说："美是到处都有的，对于我们的眼睛，不是缺少美，而是缺少发现。"

历史学家维尔·杜兰特希望在知识中寻找快乐，却只找到幻灭；他在旅行中寻找快乐，却只找到疲倦；他在财富中寻找快乐，却只找到纷乱忧虑；他在写作中寻找快乐，却只找到身心疲惫。有一天，他看见一个女人坐在车里等人，怀中抱着一个熟睡的婴儿。一个男人从火车上走下来，走到那对母子身边，温柔地亲吻女人和她怀中的婴儿，小心翼翼地怕惊醒孩子。然后，这一家人开车走了，留下杜兰特深思地望着他们离去的方向。他猛然惊觉：快乐其实很简单，日常生活的一点一滴都蕴藏着快乐。

我们中的大多数人一生都不见得有机会可以赢得大奖，不说诺贝尔奖或奥斯卡奖，这类大奖总是留给少数精英分子，哪怕是买彩票也很难中上一个大奖。理论上来说，每个自由地区出生的孩子都有当上总统的机会，但是实际上我们大多数人都会失去这个机会。

不过我们都有机会得到生活的小奖。每一个人都有机会得到

　　诸如一个拥抱，一个亲吻，或者只是一个亲人的真心赞许！生活中到处都有小小的喜悦，也许只是一杯冰茶，一碗热汤，或是一轮美丽的落日。更大一点的单纯乐趣也不是没有，生而自由的喜悦就够我们感激一生。这许许多多的点点滴滴都值得我们细细去品味、去咀嚼。也就是这些小小的快乐，让我们的生命更加甜美，更值得眷恋。

快乐的理由千千万

从前的人们碰到一起，打招呼时喜欢说：吃了吗？

后来改成了：你好！

如今，在相当一部分人口中，又变成了：开心点儿！

由物质到精神，关心的内容发生了本质的变化。

然而，开心的理由呢？在对一些女士的调查中，所得到的回答各不相同。

一位老太太，已老到走路不能自如的境地，还坚持在景山公园的台阶上，一级一级地往上蹭。她脸上阳光灿烂：这是我每天最开心的事呀。

一个女孩，整天忙碌在办公室，无非打印个文件，收收发发，很琐碎，往身后一看什么都留不下。可一到休息日，她就闲得实在忧郁，因而总唠叨说：只有工作才能使我开心。

一个操劳了一辈子的母亲，不穿金，不戴银，不吃补品，不当王母娘娘，每日辛劳不辍，笑呵呵回答儿女们的是：全家平平安安比什么都让我开心。

一个下岗女工：能给我一份工作，我可就开心死了。

一个小保姆：主人家信任我，不见外，我就觉得开心。

一个小女生：哎呀呀，星期天早上能让我睡够了，最开心！

生活就是世界上最难的一道题，复杂得永远解不清。可是生活又简单得只要有一颗透明的水滴、一首诗、一支歌、一朵小花、一片绿叶、一只小动物……就能让我们开心得如神仙般而飘飘然起来。

人心是自然界最深不可测的欲海，然而，也是最容易满足的乖孩子，一句宽心的话，一张温暖的笑颜，一个会心的眼神，一声真诚的问候，一个善良的祝福……就能成为一根棒棒糖，一颗开心果，能一直香甜到我们心里，使我们回到开心的童年，像小鸟一样叽叽喳喳地唱不够。

流行歌曲中有唱："一千个伤心的理由……"如果你真的有一千个伤心的理由，请别忘了你还有一万个开心的理由。

在独处中寻找快乐

当我们学会了优雅地生活时，就会有一种甜蜜、温柔的感受穿透全身，整个人都会轻松起来。在紧张、压抑的时候，享受一下必要的独处时光，是优雅生活的必要选择，如果长期没有独处去反省自己并自我充实，人可能会变得很烦躁。

很多人之所以在压力下还能够保持优雅的态度，那都要归功于他们能够经常很小心地护卫他们的自由和独处时间。请你学一下他们，从现在起，每天想尽办法抽出 15 分钟时间作为独处的开始，你会发现，15 分钟的效果相当惊人。我们都需要一个独处的地方让自己完全放松。你可以找个让你觉得舒服的地方，甚至可以选择浴室、阳台，或是附近的公园、图书馆。好好度过你的独处时间，只有你发现了真实的自我，才能体会到自己真正活着。

独处，会让我们暂时卸除在与人接触时所戴的面具，让我们的心情恢复恬静自然。在事务繁忙、交通拥塞、交际频繁的现代社会，想偶尔拥有完全独处的机会，真有点如同钻石般的难得。

林白夫人曾说过："生活中重要的艺术在于学习如何独处。"

独处是将自己暂时与外界不重要的、肤浅的事物隔离，为的是寻觅内在的力量。这种内在的心灵力量将可以使我们的精力重新充沛，品格提升。一个人如果只是孤寂地隐退，而未发掘内在的力量，那么他的生活便不会达到最完善的境界。

每个时代的圣哲与天才，都能从孤寂中获得极丰富的灵感，每个人也都可以从短暂的孤寂中有所收获。不过，我们不必刻意为了争取独处的时刻，而让自己的行为显得怪僻偏颇。

其实，想要享受独处的时光，平时不妨独自在寂静的小道散一会儿步，或早晨早起一小时，独自欣赏破晓天明的绚丽景观，或在公园小椅上闲坐片刻，或骑车在郊区慢慢地兜风。生活再怎么忙碌，片刻的悠闲时光总是会有的，何不用这片刻的悠闲，给我们的心情放个假？

独处会让我们停下来好好分析自己的烦愁，然后想出办法加以驱除。

独处不是孤寂。假使你害怕孤寂，那么一定要小心检讨自己，因为那代表你的心灵出了毛病。

记住，要设法让思绪纷乱的自己停下来，腾出时间走进心灵深处，与真实的自己共处反省，也许你会产生一种惊喜，因为你碰到一个既好处又上进的知心朋友，那就是你自己！

不必较真，但是也不必事事妥协

一个虔诚的信徒向大师请示开悟。大师叫他先建一座庙，信徒马上照办。庙盖好了，大师不满意，叫他拆掉重新盖。信徒照办了。大师仍不满意，叫他再拆掉重盖，信徒毫无怨言地照办了。如此反反复复，信徒盖好了第20座庙，大师又要他拆掉，信徒忍不住说："你自己去拆吧！大师！"

"现在你终于开悟了。"大师说。

有一位伟人曾经这样说："在超越某种限度之后，宽容便不再是美德。"

一点都没错。有些时候，之所以常把日子过得一团糟，就是因为我们容忍了太多次的"好"，而不懂得说一声"不"。

太忙于做好人，以至于找不出时间去做好事，这就是问题所在。这种人生也就是不完美的人生。

曾听朋友讲过这样一个故事。

他刚参加工作不久，姑妈来到北京看他。他陪着姑妈在天安门转了转，就到了吃饭的时间。

他身上只有200元钱，这已是他所能拿出招待对他很好的姑妈的全部现钱。他很想找个小餐馆随便吃一点，可姑妈却偏偏相中了一家很体面的餐厅。他没办法，只得随她走了进去。

俩人坐下来后，姑妈开始点菜，当她征询他意见时，他只能含混地说："随便，随便。"此时，他的心中七上八下，放在衣袋中的手紧紧抓着那仅有的200元钱。这钱显然是不够的，怎么办？

可是姑妈一点也没在意他的不安，她不住口地夸着这儿可口的饭菜，可怜的他却什么味道都没吃出来。

最后的时刻终于来了，彬彬有礼的侍者拿来了账单，径直向他走来，他张开嘴，却什么也没说出来。

　　姑妈温和地笑了，她拿过账单，把钱给了侍者，然后盯着他说："孩子，我知道你的感觉，我一直在等你说不，可你为什么不说呢？要知道，有些时候一定要勇敢坚决地把这个字说出来，这才是最好的选择。"

　　何必像头绵羊一样，处处迎合与迁就他人呢？多做一些利人之事固然是一种美德，但一味地迎合他人，而使自己委曲求全，未免也太自虐了些。明明内心不愿意，却为了顾及形象或面子死撑着而为，别人倒是高兴了，那你自己呢？

　　很多时候，适当的拒绝是一种理性，处处说"是"的人，最容易让"是"与愿违。因为你没有足够的精力与能力去让"是"兑现。

　　适当的拒绝还是一种呵护，处处说"是"的人，容易把自己生活交给别人去支配。生活主动权的丧失，意味着乐趣的丧失。

　　适当的拒绝更是一种力量，处处说"是"的人，其"是"并不显得珍贵。因为有"不"的存在，"是"才体现出它的价值。

　　在你不愿意说"是"时，请遵循内心的指引，勇敢地说出"不"字。

幽默是释放心情的好方法

俄国著名语言寓言作家克雷洛夫早年生活穷困。他住的是租来的房子，房东要他在房契上写明，一旦失火，烧了房子，他就要赔偿 15000 卢布。克雷洛夫看了租约，不动声色地在 15000 后面加了一个零。房东高兴坏了："什么，150000 卢布？""是啊！反正一样是赔不起。"克雷洛夫大笑。

在现实生活中，我们有时候难免会遭遇到不公正的待遇，但很多人却不能用这种幽默的态度去对待委屈，以至于让自己的情绪陷入低谷，或是做得更过分，去报复社会和他人。这些都不可取，折磨自己没必要，折磨他人反过来再被他人所折磨，那种做法是不是有点傻。如果我们学会幽默，就会在所谓的委屈之外发现令人无比快乐的东西。由痛苦到快乐，一定要具备某种超越精神。只有超越了现实，才能俯视现实，就像对待困难要采取乐观的态度一样。乐观不仅可以解脱你所受到的不公正待遇，还可以帮助解救那些深陷困扰的其他人。

要是火柴在你的衣袋里燃起来了，那你应当高兴，而且感谢上苍：多亏你的衣袋不是火药库。

要是有穷亲戚上别墅来找你借钱，那你不要脸色发白，而要喜气洋洋地叫道："挺好，幸亏来的不是劫匪！"

要是你的手指头扎了一根刺，那你应当高兴："挺好，多亏这根刺不是扎在眼睛里！"

你该高兴，因为你不是拉长途马车的马，不是细菌，不是毛毛虫，不是猪，不是驴，不是熊，不是臭虫……你要高兴，因为眼下你没有坐在被告席上，也没有看见债主在你面前，更没有躺在病床上没钱开刀。

如果你不是住在边远的地方，那你一想到命运总算没有把你送到边远的地方去，你岂不觉得幸福？

　　要是你有一颗牙痛起来，那你就该高兴：幸亏不是满口的牙都痛起来。

　　你该高兴，因为你居然可以不必天天屈膝高呼大人，不必坐在垃圾车上，不必……

　　要是你被送到警察局去了，那就该乐得跳起来，因为多亏没有把你送到地狱的大火里去。

　　要是你挨了一顿棍子的打，那就该蹦蹦跳跳，叫道："我多么有运气，人家总算没有拿枪打我！"

　　要是你的妻子对你变了心，那就该高兴，多亏她背叛的是你，不是国家。

　　没有幽默感的人不会积极地看待这个世界，不会乐观地看待自己的生活。当然乐观也不是盲目的，而是有所依附，是一种彻悟之后的豁达。乐观地看待生活，幽默自然而生。

　　生活难免沉重的，人生总有痛苦；上帝真的是很忙，现在世界上人口增长了那么多，他肯定无法在每一个痛苦的沼泽都被我们走过。当我们独自在沼泽里挣扎、悲哀与无望时，我们要勇敢地自我解脱，就像用一根针，刺破现实残酷的魔咒，刺破心头鼓鼓的气球。

　　有了幽默，我们将可以自我解脱。

第七章

谦逊处世，避免较真

在我们身边，为什么总有的人活得那么累？有的人却活得那么轻松呢？活得累的人，不一定都是穷人，也不一定就是恶人；活得轻松的人，不一定都是富人，也不一定就是好人。但是，为什么有的人就那么让人喜欢，而有的人就那么让人厌恶呢？这其中，有一个如何做人的问题。人要想活得不累，活得自如，活得让人喜欢，最简单不过的办法，就是要学会谦卑处世、低调做人。谦卑处世和低调做人，不仅可以保护自己、融入人群，与人们和谐相处，也可以让人暗蓄力量、悄然潜行。

做一个谦逊的智者

做人谦逊，与一个人的心情好坏有莫大的关系。首先，一个谦逊的人不会把自己看得那么重要，一些在别人眼里莫大的"伤害"与"耻辱"，在他们眼里或许不值一提。他们把自己的分量掂量得很清楚，因此有什么别人放不下的东西他们却容易放得下。

此外，谦逊的人恪守的是一种平衡关系，也就是让周围的人在对自己的认同上达到一种心理上的平衡，并且从不让别人感到卑下和失落。古人有"满招损，谦受益"的箴言，忠告世人要虚怀若谷，对人对事的态度不要骄狂，否则就会使自己处在四面楚歌之中，被世人讥笑和瞧不起。总之，谦逊的人轻易不会受到别人的排斥，反而容易得到社会和群体的吸纳和喜欢。

托马斯·杰斐逊（1743～1826年）是美国第3任总统。1785年他刚担任驻法大使，一天，他去法国外长的公寓拜访。

"您代替了富兰克林先生?"外长问。

"是接替他，没有人能够代替得了他。"杰斐逊回答说。

杰斐逊的谦逊给世人留下了深刻印象。谦逊的目的，并不在于使我们觉得自己渺小，而是以我们的权力来了解自己以及对于社会的贡献。除了杰斐逊，爱因斯坦和甘地等伟人，都是谦逊为怀的代表者。当然，他们并不自卑，他们对自己的知识和服务人群的目标，以及使世界更趋美好的愿望充满了自信心。

谦逊绝非自我否定，而是自我肯定，是实现我们为人的正直与尊严。谦逊也是成功与失败的融合，我们对于过去的失败有所警惕，对于现在的成功有所感慨，但不能让成败支配自己。谦逊还具有平衡作用，不让我们随便超越自己的能力，也不会让我们使自己总处于劣势；它更不是让我们高人一等或屈居人下。谦逊即是宁静，使我们不致受往日失败的拖累，也不致因今日的成功而自大。谦逊是一种情绪的调节器，使我们保持自我本色，青春常驻。

谦逊至少具有下列 8 种"成分"。

（1）诚恳：诚以待己，诚以待人。

（2）了解：了解自己所需，了解他人所需。

（3）知识：习知自我的本色，不必模仿他人。

（4）能力：扩张聆听与学习的能力。

（5）正直：建立自我的内在价值感，并忠于这份感觉。

（6）满足：了解和建立心灵的平和，不需小题大做。

（7）渴望：寻求新境界、新目标，并且付诸实行。

（8）成熟：成熟是彩虹尽端的黄金，因成熟而了解谦逊，因谦逊而获得成功。

谦逊并不表示卑贱，它是快乐的源泉。或许，英国小说家詹姆斯·巴利的话更为中肯："生活，即是不断地学习谦逊。"

不要死要面子

面子如同一个沉重的包袱，压迫了我们数千年。在这个包袱的压迫下，我们一张嘴，就往往蹦出诸如"人活一张脸，树活一张皮"之类的箴言。为了面子，我们当中不少人死撑着、硬顶着，也不肯"丢脸"。有的人，甚至为了所谓的面子，而丢失性命。

一位外国学者曾这样评价："为了保持体面，在一些中国人中产生出外国人无论如何体会不出来的'面子'经。'有面子'是一种硬性抬高的体面；'失面子'则是一种有失体面的耻辱，而一旦失去面子就等于精神上的死亡；'不要面子'是不顾自己体面。不论什么样善良柔弱的中国人，为了'面子'甚至可以同任何强者搏斗。当'面子'受到损害而无力恢复时，中国人会表现出相当的高傲，而且为了挽回自己表现的这种高傲，激愤而不惜以死相争者不计其数。"

总之，在外国人眼中，中国人特别"爱面子""讲面子"，甚至达到了某种不可思议的病态程度。

林语堂先生就说过："面子、命运和人情为统治中国的三女神。"外国学者对我们有那么一种评价：对中国人大部分行为、态度的分析，穷极到一点就是'面子'。那不可思议的感受性、隐秘性、平素被谦让掩盖着的根源，在于极度虚荣的、病态的功利主义。

说得一点都不错，"爱面子""讲排场"的确成为支配许多国人行为的一个基本出发点。因此就常有这么一句话可以概括这种行为："死要面子活受罪"。一些人为了"爱面子"甚至可以忍受任何的痛苦，即使自己受罪也无所顾忌。

譬如，有的人经济上原本十分拮据，完全没有实力与他人比阔的，然而为了"死要面子"，就节衣缩食，"勒紧了自己裤腰带"，甚至"举了债"，也要与他人比阔。

有的人为了"死要面子"，自己本无多大的实力和"后台"，然而却制造假象，蒙骗他人，有的四处吹嘘自己如何如何"有能耐"，有的则无限夸大自己的"后台"是如何如何的"硬"，因而什么东西都能搞得到，什么事情都能办得到。

有的人为了"死要面子"，明明自己是"普通一兵"，然而一到某些场合就显得尤其活跃，硬是往"名流"里去靠，借"名流"的声望来抬高自己。

有的人为了"死要面子"，明明是靠偶然的意外获得一次成功，明明自己是"喜出望外"，内心异常激动万分，然而却装得很有"修养"，异常地"深沉"，还显出若无其事的样子来，一副过于谦虚、故作姿态的样子。

有的人为了"死要面子"，还不惜采取卑劣的手段诬陷他人，通过打击他人的方式来抬高自己。

有的人为了"死要面子"，见荣誉就争，见利益就抢，不放过任何的机会来抬高自己、打扮自己。

有的人为了"死要面子"，自己犯了错误还"死不认账"，即使当面被人揭穿也要死撑到底，有的甚至还要倒打一耙，将原因推给他人，或是避重就轻，将原因归之为客观所致，总之，千方百计地开脱自己的主观责任。

有的人在学术上明明是"草包"一个，然而为了"死要面子"，也不顾自己是不是理解，装腔作势、咬文嚼字、拿腔拿调、引经据典，一副假斯文的样子来。更有甚者，那就是剽窃、抄袭，凡能想到的下作手段都敢使。

有的人为了"死要面子"，对那些不给自己"面子"的人或是威胁到自己"面子"的人，往往采取主动地贬抑甚至恶毒攻击的态度，以及"一报还一报"的报复态度，以维护自己所谓的尊严。

总之，当一个人陷于"死要面子"的误区时，他的心理，他的行为就会变得不可思议起来，其结果无外乎"活该受罪"。

面子终究是一种表面的虚荣。为了"面子"而置"里子"不顾，完全是本末倒置。所谓"里子"，就是你内在的东西。比如知识、智慧、道德以及心灵的自由与快乐。外在的面子，只不过是一张易碎的薄纸而已。

面子的纸糊在我们的脸上久矣，卸下它，你将自由自在地呼吸到新鲜的空气，感受到风和日丽。

不要过分在意他人的评价

人之所以看重面子，其实是过于在乎别人的评价。穿不穿名牌，参加同学聚会时会不会被别人看不起；妻子长相太普通了，还是别带她参加同学聚会了吧；说失业不好，还是说自己从事自由职业吧……

当你在意别人的评价时，有没有想过：别人真的有那么在意你吗？

张先生因为工作的变动调到了一个新的部门，这个部门似乎没有以前的职位风光，也没有以前的地位显赫。于是他总是担心别人会有什么其他的想法，"怎么回事，是不是犯了错误而下来了"等等，虽然是正常的工作调动，但还是担心别人会说些什么，于是没事时待在家中好久也没有露面。

有一天，他在大街上遇到一个熟人，熟人问："你不做老总啦？调到哪儿去了？"张先生回答："不做了，调到另一个部门去了。"对方说："好呀，祝贺你！"张先生笑笑："有时间去玩呀。"然后作别。但是心里却有一种淡淡的酸楚感觉，害怕熟人是在笑话他。

过了不久，张先生恰巧在某处又碰到了那位熟人，熟人又问："听说你不做老总了，调哪儿去了呢？"他只得将以前的话又重复了一遍："我调到另一个部门去了，有时间去玩。"

回到家，张先生心里突然清朗起来，好像是一下子悟出了什么来。是呀，自己整天担心别人说什么，整天把自己当回事，而别人早把自己忘了。于是，照旧同原来一样，同朋友们一起聚会聊天，大家依然是那样的热情，依然是那样的真诚和开心。

其实，很多的人不堪烦恼，只是自己杯弓蛇影的自恋和自虐而已。所有的担心和疑惑，大都是自己内心的原因。在别人的心中，其实并不那么重要。

　　生活中常常碰到的许多事，比如说了什么不得体的话，被他人误会了什么，遇到了什么尴尬的事，等等。大可不必耿耿于怀，更不必揪住所有人去做解释，因为事情一旦过去，没有人还有耐心去理会别人曾经说过的一句闲话，一个小的过失和疏忽等。你那么念念不忘，说不定别人早已忘记了，不要太把自己当回事了。反过来我们也可以问问自己，别人的一次失误或尴尬，真的会总在你的心头挥之不去，让你时时惦念吗？你对别人的衣食住行真的就是那么关心，甚至超过关心自己吗？

　　人生中有那么多的事，每个人连自己的事都处理不完，自然没有多少人还会去关心与自己不太相关的事情。只要你不对别人造成什么伤害，只要不是损害了别人的什么利益，没有什么人会对你的失误或尴尬太在意的，也许第二天太阳升起的时候，别人什么事都没有了，只有自己还在耿耿于怀。所以你要明白，在别人的心中，你并没有那么重要。

敢于正视和承认不足

有个希腊穷人到雅典的一家银行应聘门卫工作，人家问他会不会写字，他很不好意思地说："我只会写自己的名字。"他因此没能得到这份工作，无奈之下他借了点钱去另找出路，渡海去了美国。

几年后，他竟然在事业上获得了巨大成功。

一位记者建议他说："您该写本回忆录。"

这位企业家却在众多媒体人物到场的情况下笑着说："绝不可能，因为我根本不识字。"

记者大吃一惊。

企业家很坦然地说："任何事有得必有失。如果我会写字，也许现在我还只是个看门的。"

这位企业家并没有因为自己是一个有身份的人而认为自己不识字是低人一等或没有品位。他认为，诚实才是做人的灵魂。

当然，不诚实表现在多个方面。有一种不诚实就是不懂装懂。世界这么大，新鲜事物那么多，一个人不可能对所有的事物都了解，对所有的知识都掌握，大千世界中必定有你所不知道或知之甚少的东西，所以说，没有必要不懂装懂。要知道，不懂装懂的做法一旦被别人识破，不但显不出自己的品位，反而更会让人瞧不起，还难免被人故意利用弱点加以愚弄，那滋味恐怕更不好受。

生活中常有这样一些人，到处充当"无所不知"先生。每当人们谈起一个有兴趣的问题时，他就不知从什么地方钻出来，接过话头信口胡说："这个嘛，我知道……"捕风捉影地胡吹一通，虽然驴唇不对马嘴也毫不脸红。

这样做看似有面子，但往往容易弄巧成拙。由于不愿意被轻视而经常隐瞒自己不知道的事情，强把不知以为知，在他人面前冒充有学问的人。但想没想过世上还是谦虚的人多，人家虽然没有像这种人一样夸夸其谈，但并不说明人家不懂。而他们却在班门弄斧，关公门前耍大刀，最后必然会在人前丢丑。

即使是真有学问的人，也不能太"牛"，因为谁也不能什么都懂、都精通，早晚有一天"一失足"，所有原来吹出来的"良好印象"都将一扫而光。

其实，本着老老实实的态度做人处世，在与人讨论问题的时候，"知之为知之，不知为不知"，勇于承认自己有不懂的知识，坦率地向内行人请教，反倒是能够留给人们极好的印象。同时自己因谦虚也可以得到不少新的知识，亦不必因自欺欺人而感到内心不安。

这个道理你可能会说"谁不知道！"或许你说得对。问题是对于有些人来说，道理好懂，做起来却难，光为了"面子"，就会使人难于说"不知道"。

一位研究生曾回忆说，他曾遇到过这样一件事，由于学位论文在正式答辩前要送交专家审阅，他便把他写的有关宇宙观的哲学论文送交给一位白发斑斑的物理系教授，请他多多指教。但他没有想到的是，这位老前辈第一次约见他的时候就诚恳地对他说："实在对不起，你论文中所写到的物理学理论我还不太懂，请你把论文多留在我这里一段时间，让我先学习一下有关的知识后再给你提意见，好吗？"

他当时简直不敢相信自己的耳朵，不是因为相信老教授真的不懂，而是因为这样一位物理学的权威大家，敢于当着一位还没有毕业的研究生的面承认自己在物理学领域还有不懂的东西！

老教授大概看出了他内心的疑惑，爽朗地笑了起来："怎么，奇怪吗？一点都不奇怪！物理学现在的发展日新月异，新知识层出不穷，好多东西我都不了解，而我过去学过的东西有很多现在已经陈旧了，我当务之急是重新学习。"

老教授的这番话使这位研究生佩服得五体投地：这才是真正的学者风度！回想起自己经常碍于面子，在同学面前，不知道的事情也硬着头皮凭着一知半解去发挥，真是十分惭愧！

在他做论文答辩时，有一位外校的教授向他提出了一个他不懂的问题，他虽然觉得心跳加速，脸直发烧，但一看到坐在前面的那位物理系教授，顿时勇敢地说出"我不知道"。他原以为在场的人会发出讥笑，但结果并没有发生这种不利的反应。他还见那位教授满意地点了点头。答辩会一结束，老教授就把他叫到一边，详细告诉了他那个问题的来龙去脉，使他大受感动。

白发斑斑的老教授敢于向青年人承认自己的"不懂"，使研究生对他更加尊敬；研究生深受教育，在答辩时面对难题，也承认了自己知识的不足，同样受到他人的赞赏。可见，承认"不知道"不但可在人们的心目中增加可信度，消除人际关系中的偏执和成见，开阔视野，增长知识，而且还有另外一大益处：使自己更富有想象力和创造力。

相对老教授和他的学生的谦逊，有一些人已成为名人，就是不能坦陈自己的不足，为自己的名声抹了不少黑。有那么一位中年老师，因为在电视上讲了几次，又出了几本书，名声一时鹊起。他本是讲历史的，结果奥运会他也评论一下，神舟飞船上天，他又一通儿乱侃，结果在观众中名声大跌，网上留言评价相当负面。倘若电视台邀请出节目，他大可坦陈不足，请其他专家出面，这反倒会提高自己声望。然而，现在，在人们心目中，他不过是一个为了面子（或是为了出镜费）什么都侃的普通人。

反省和改正自身的不足

　　是人都难免犯错。如果你发现自己错了，最好不要像鸭子似的嘴硬。死扛着不认错，不仅活得累，而且活得不坦荡。

　　有一位教师朋友，他们学校对他的教学工作颇有微词。一位和他相识的教授曾说了一些看不起他的话，这些话被传到他耳里，他只好忍气吞声。后来有一天他接到这位教授的来信。那时教授已离开了学校，调到某新闻部门从事编辑工作。教授来信说，以前错估了他，希望得到原谅。此时，这位教师的各种敌意便立刻烟消云散了，并极其感动，马上回信并表示敬意。从此，他们便成了好朋友。

　　由此可以看到，承认自己的错误不但可以弥补破裂的关系，而且可以增进感情，但有勇气承认自己的错误却不是一件容易的事情。有一位名人曾经说过："人们敢于在大众面前坚持真理，但往往缺乏勇气在大众面前承认错误。"有些人一旦犯了错误，总是列出一万个理由来掩盖自己的错误，这无非是"面子"在作怪。他们以为，一旦承认自己的错误就伤了自尊，就是丢了个人面子。这种想法，无异于在制造更多的错误，来保护第一个错误，真可谓错上加错。

　　古人说过："人非圣贤，孰能无过，过而能改，善莫大焉。"意思是说，人都会有过失，只要能认识自己的过失，认真改正，就是有道德的表现。孔子曾把"过失"比喻为日食与月食，无论怎样对待大家都会看得清清楚楚。因此，最好的办法是坦诚地承认自己的错误，通过承认错误表现出谦虚的品格。知道自己犯错误，立刻用对方欲责备自己的话自责，这是聪明的改正方法，这会使双方都感到愉快。

　　每个人都有自己的自尊心和荣誉感，如果肯主动承认自己的错误，这不仅不会使自尊受到伤害，而且也会为自己品格的高尚而感到快乐。

事实上，主动承认自己的错误，不但可以增加相互之间的了解和信任，而且能增进自我了解进而产生自信心。有时候，人们非要等到自己看见并接受自己所犯的错误时，才能真正了解自己的能力。当年的亨利福特二世就是从错误中学习，并在改正错误时真正了解自己的能力的。当年，26岁的亨利福特二世接任了美国福特汽车公司的总裁。上任后，他的创新、实验和努力避免错误产生的做法，扭转了公司亏损的局面。有人问他，如果让他从头再来的话，会有什么不同的表现。他回答道："我只能从错误中学习，因此，我不认为自己可能有什么与众不同的作为，我只是尽量避免重犯不同的错误而已。"

承认自己的错误并不是什么耻辱，而是真挚和诚恳的表现。承认自己的错误更能显示自己人格的伟大。但是认错时一定要出于真诚，不能虚情假意。真诚不等于奴颜婢膝，不必低三下四，要堂堂正正，承认错误是希望纠正错误，这本身就是值得尊敬的一件事情。假如你没有错，就不要为了息事宁人而认错，否则，这是没有骨气的做法，对任何人都无好处。

如果你说过伤人的话、做过损害别人的事，坦诚地承认自己的错误会使你心胸坦荡，这将使你踏向更坚强的自我形象，增进你在他人心中的人格魅力。早在2000年前古希腊的哲学家留基伯与德谟克利特，就从自己错与别人错的比较中，明确地指出："谴责自己的过错比谴责别人的过错好。"不明智的人才会找借口掩饰自己的错误。假如你发现了自己的错误，就应尽快地承认自己的过错，这不仅丝毫不会有损于你的尊严，反而会提升你的品格。

不要过分宣扬自己的优势

在秦始皇陵兵马俑博物馆，有一尊被称为"镇馆之宝"的跪射俑。这尊跪射俑是保存最完整的、唯一一尊未经人工修复的秦俑。秦兵马俑坑至今已经出土清理各种陶俑1000多尊，除跪射俑外，其他皆有不同程度的损坏，需要人工修复。为什么这尊跪射俑能保存得如此完整？

原来，这得益于它的低姿态。首先，跪射俑身高只有1.2米，而普通立姿兵马俑的身高都在1.8至1.97米之间。天塌下来有高个子顶着。其次，跪射俑作蹲跪姿，右膝、右足、左足三个支点呈等腰三角形支撑着上体，重心在下，增强了稳定性，与两足站立的立姿俑相比，不容易倾倒、破碎。因此，在经历了两千多年的岁月风霜后，它依然能完整地呈现在我们面前。

由跪射俑的低姿态联想到我们的做人之道。一个人若能在人群中保持低姿态，才高不自诩，位高不自傲，也同样可以避开无谓的纷争，在显赫时不会招人嫉妒，在受挫时不会遭人贬损，能让自己更好地生活且平静祥和。

嫉妒是人性的弱点之一，只不过有的人会把嫉妒表现出来，有的人则把嫉妒深埋在心底。嫉妒是无所不在的，朋友之间、同事之间、兄弟之间、夫妻之间、父子之间，都可能有嫉妒存在。而这些嫉妒一旦处理失当，就会形成足以毁灭一个人的烈火，特别是发生在朋友、同事间的嫉妒情绪，对工作和交往会造成更大的麻烦。

朋友、同事之间嫉妒的产生有多种情况。例如："他的条件不见得比我好，可是却爬到我上面去了。""他和我是同班同学，在校成绩又不比我好，可是竟然比我发达，比我有钱！"在工作中，如果你升了官、受到上司的肯定或奖赏、获得某种荣誉，那么你就有可能被别人嫉妒。女人的嫉妒还会更多表现在行为上，诸如说些"哼，有什么了不起"或是"还不是靠拍马屁爬上去的"之类的话。但男人的嫉妒通常藏在心里，有的藏在心里也就算了，但有的则明里暗里跟你作对，表现出不合作的态度。

因此，当你一朝得意时，应该想到并注意到的问题是：

同单位之中有无比我资深、条件比我好的人落在我后面？因为这些人最有可能对你产生嫉妒。

观察同事们对你的"得意"在情绪上产生的变化，可以得知谁有可能在嫉妒。一般来说，心里有了嫉妒的人，在言行上都会有些异常，不可能掩饰得毫无痕迹，只要稍微用心，这种"异常"就很容易发现。

而在注意这两件事的同时，你应该尽快在心态及言行方面做如下调整：不要凸显你的得意，以免刺激他人，徒增他人的嫉妒情绪，或是激起其他更多人的嫉妒，你若洋洋得意，那么你的欢欣必然换来苦果。

把做人的姿态放低，对人更有礼，更客气，千万不可有倨傲侮慢的态度，这样就可在一定程度上减少别人对你的嫉妒，因为你的低姿态使某些人在自尊方面获得了满足。

在适当的时候适当地故意显露你无伤大雅的短处，例如不善于唱歌、外文很差等，以便让嫉妒者的心中有"毕竟他也不是十全十美"的幸灾乐祸的满足。

和所有嫉妒你的人沟通，诚恳地请求他的帮助和配合，当然，也要指出并赞扬对方有而你没有的长处，这样或多或少可消弭他对你的嫉妒。

遭人嫉妒绝对不是什么好事，因此必须以低姿态来化解，这种低姿态其实是一种非常高明的做人之道。学会低调做人，就是要不喧闹、不娇柔、不造作、不故作呻吟、不假惺惺、不卷进是非、不招人嫌、不招人厌，即使你认为自己满腹才华，能力比别人强，也要学会藏拙。而抱怨自己怀才不遇，那只是肤浅的行为。

低调做人，不露锋芒

美丽的花最容易招人采摘，而一朵不显眼的平凡的花，反而能够更自由自在地开放。低调做人者首先给人的感觉就是"貌不惊人"。当然，所谓的"貌"不完全是指外貌，严格地说是"看上去"的意思，即包括一个人的相貌穿着，也包括了行为举止。这种人给人的感觉是内敛而不张扬、柔和而不粗暴，不显山露水，也不锋芒毕露。这种做人的低姿态，能够减少别人的反感与嫉妒之心。

不过，在现在这个个性张扬的时代，更多的（特别是年轻人）遇事喜张扬，遇人好显摆，更要命的是抬高自己时还装作一本正经的样子，不见丝毫的羞涩。我们经常看到一些人，有八分的才能，却要十二分地表现出来，生怕别人不知道，还要十三分地说出来。他们往往有着充沛的精力，很高的热情以及一定的能力。他们说起话来咄咄逼人，做起事来不留余地。

俗话说，枪打出头鸟。先出头的鸟，最容易成为猎人眼里的目标。处世也经常有类似的境遇。木秀于林，风必摧之；行高于众，众必非之。要想不成为别人眼里的靶子，最好是自己主动要放下身段，低调做人。

做人的低调重要体现在不轻易出头，体现在多思索、少说话，体现在多安静、少喧哗。不要让人以为你是个爱抢风头的人，这样很容易激起嫉妒，产生矛盾和公愤。

但矛盾来了：我们每天忙碌奔走，不是希望自己能够有一天出人头地吗？如果事事都不出头，自己怎么会有出人头地的那一天呢？想出人头地并不是什么错，一个对自己有事业心的人、一个对家人有责任感的人，都会有一些出人头地的欲望，只不过是有些人隐藏得深一点，有些人隐藏得浅一点。

做人做事，又要把握好适当出头，但不可强行出头。所谓"强出头"，"强"在两层意思。

第一"强"是指"勉强"。也就是说，本来自己的能耐不够，却偏偏要勉强去做。当然，我们承认一个人要有挑战困难的决心与毅力，但挑战一定要有尺度。明知山有虎，偏向虎山行，如果没有一定的能耐，何必去送死？如果一定要打虎，先练练功夫才是最明智的选择。失败固然是成功之母，但我们不是为了成功而去追求失败。自不量力的失败，不仅会折损自己的壮志，也会惹来了一些嘲笑。

第二"强"是指"强行"。也就是说，自己虽然有足够的能力，可是客观环境却还未成熟。所谓"客观环境"是指"大势"和"人势"，"大势"是大环境的条件；"人势"是周围人对你支持的程度。"大势"如果不合，以本身的能力强行"出头"，不无成功机会，但会多花很多力气；"人势"若无，想强行"出头"，必会遭到别人的打压排挤，也会伤害到别人。

少出些头，你的身心就会多些随意与自由。

第八章
学会宽容， 化敌为友

世界上的每一个人都有着不同的个性、习惯、观念以及思维方式。这就决定了人与人之间的矛盾、冲突在所难免。"敌人"让我们发怒，使我们内心的宁静与外界的和睦渐行渐远。

面对"敌人"，只要你学会了宽恕，你就能找到你失去的一切。宽恕他人，其实就是在善待自己。当我们宽恕了别人，自己的心灵空间也就豁然开朗，心中的阴霾便会一扫而空。宽恕是深藏爱心的体谅，并非仅仅是原谅；宽容是一种高尚的行为，更是一种智慧和力量的体现。让自己的心态变得宽容，世界会变得更加美好。

一腔仇恨终误事

《百喻经》中有一则故事：

有一个人心中总是很不快乐，因为他非常仇恨另外一个人，所以每天都以愤怒的心，想尽办法欲置对方于死地。

为了一解心头之恨，他向巫师请教："大师，怎样才能解我的心头之恨？如果催符念咒可以损害仇恨的人，我愿意不惜一切代价学会它！"

巫师告诉他："这个咒语会很灵，你想要伤害什么人，念着它你就可以伤到他；但是在伤害别人之前，首先伤害到的是你自己。你还愿意学吗？"尽管巫师这么说，一腔仇恨的他还是十分乐意，他说："只要对方能受尽折磨，不管我受到什么报应都没有关系，大不了大家同归于尽！"为了伤害别人，不惜先伤害自己，这该是怎样的愚蠢？然而在现实生活中，这样无价值的仇恨天天在上演，随处可见这种"此恨绵绵无绝期"的自缚心结。仇恨就像债务一样，你恨别人时，就等于自己先欠下了一笔债务；如果心里的仇恨越多，活在这世上的你就永远不会再有快乐的一天。

一念嗔心起仇恨，就会让人陷入愚痴，如同自己拿着绳子捆住自己，不得自由，而且会越勒越紧。冤仇宜解不宜结，只有发自内心的慈悲，才能彻底解除冤结，这是脱离仇恨炼狱最有效的方法。

《把敌人变成人》一书中曾转述了1944年苏联妇女们对待德国战俘的场景。

这些妇女中的每一个人都是战争的受害者，或者是父亲，或者是丈夫，或者是兄弟，或者是儿子在战争中被德军杀害了。

战争结束后押送德国战俘，苏联士兵和警察们竭尽全力阻挡着她们，生怕她们控制不住自己的冲动，找这些战俘报仇。然而当一个老妇人把一块黑面包不好意思地塞到一个疲惫不堪的、两条腿勉强支撑得住的俘虏的衣袋里时，整个气氛改变了，妇女们从四面八方一齐拥向俘虏，把面包、香烟等各种东西塞给这些战俘……

叙述这个故事的叶夫图申科说了一句令人深思的话："这些人已经不是敌人了，这些人已经是人了……"

这句话道出了人类面对苦难时所能表现出来的最善良、最伟大的生命关怀与慈悲，这些已经让人们远远超越了仇恨的炼狱。

古希腊神话中有一位大英雄叫海格里斯。一天他走在坎坷不平的山路上，发现脚边有个袋子似的东西很碍脚，海格里斯踩了那东西一脚，谁知那东西不但没被踩破，反而膨胀起来，加倍地扩大着。海格里斯恼羞成怒，操起一根碗口粗的木棒砸它，那东西竟然长大到把路都堵死了。正在这时，山中走出一位圣人，对海格里斯说："朋友，快别动它，忘了它，离开它远去吧！它叫仇恨袋，你不犯它，它便小如当初；你侵犯它，它就会膨胀起来，挡住你的路，与你敌对到底！"

人在社会上行走，难免与别人产生摩擦、误会甚至仇恨，但别忘了在自己的仇恨袋里装满宽容，那样就会少一分阻碍，多一分成功的机遇。否则，你将会永远被挡在通往成功的道路上，直至被打倒。

如果一个人心中时时怀着仇恨，这仇恨就会像海格利斯遇到的仇恨袋一样，一次次地放大，一次次地膨胀，终有一天它会阻碍你内心的澄明，搅乱你步履的稳健。所以，请记住这个原则：相信命运的人应当在生活中体现他们的信仰，而不信命运的人则应本着爱与正义的原则而活着。只有这样，我们才能远离仇恨、超越仇恨！

不肯原谅的结果，受到伤害最大的还是自己。唯有宽容，才能从那些伤害你的人身上夺回自己的力量。一位大师曾说得好："假如你想提一袋垃圾给对方，那么是谁一路上闻着垃圾的臭味？是你，不是吗？而紧握着愤恨不放，就像是自己扛着臭垃圾，却期望熏死别人一样，这不是很可笑的吗？"

斤斤计较，赢了又如何

因为屋子刚刚油漆完，戴维到附近一家很清静的小旅馆去避居几日。他带的行李只是一个装着两双袜子的雪茄烟盒，另有一份旧报纸包着的一瓶酒，以备不时之需。

午夜时分，戴维忽然听到浴室中有一种奇怪的声音。过了一会儿，出来了一只小老鼠，它跳上镜台，嗅嗅他带来的那些东西。然后又跳下地，在地板上做了些怪异的老鼠体操，后来它又跑回浴室，不知忙些什么，一夜未停。

第二天早晨，戴维对打扫房间的女服务员说："这间房里有老鼠，胆子很大，吵了我一夜。"

女服务员说："这旅馆里没有老鼠。这是头等旅馆，而且所有的房间都刚刚装修过。那是您的幻觉。"

戴维下楼时对电梯司机说："你们的女服务员倒真忠心。我告诉他说昨天晚上有只老鼠吵了我一夜。她说那是我的幻觉。"

电梯司机说："她说得对。这里绝对没有老鼠！"

戴维的话一定被他们传开了。柜台服务员和门卫在戴维走过时都用怪异的眼光看他：此人只带了两双袜子和一瓶酒就来住旅馆，偏又在绝对不会有老鼠的旅馆里看见了老鼠！

无疑，戴维的行为替他博得了近乎荒诞的评语，那是娇惯任性的孩子或是孤傲固执的病人所经常得到的评语。

第二天晚上，那只小老鼠又出来了，照旧跳来跳去，活动一番。戴维决定采取行动。

第三天早晨，戴维到店里买了几只老鼠笼和一小包咸肉。他把这两件东西包好，偷偷带进旅馆，不让当时值班的员工看见。第二天早上他起身时，看见老鼠在笼里，既是活的，也没有受伤。戴维不准备对任何人说什么，只打算把装有老鼠的笼子提到楼下，放在柜台上，证明自己不是无中生有。但在准备走出房门时，他忽然想到："我这样做，岂不是太无聊，而且很讨厌。是的！我要做的是爽爽快快证明在这个所谓绝对没有老鼠的旅馆里确实有只老鼠，从而一举消灭它。我以雪茄烟分别装两双袜子，外带一瓶酒（现在只剩空瓶了）来住旅馆而博得怪人畸形的光彩。我这样做，是自贬身价，使我成为一个不惜以任何手段证明我没有错的气量狭窄、迂腐无聊的人……"

想到这，戴维赶快轻轻走回房间，把老鼠放出，让它从窗外宽阔的窗台跑到邻屋的屋顶上去。

半小时后，他下楼退掉房间，离开旅馆。出门时把空老鼠笼递给侍者。厅中的人都向戴维微笑点头，看着他推门而去。

即使是一个非常宽容的人，在面对别人给予自己的错误评价时可能也会无法忍受。但在给别人让步的同时，自己也获得了更大的空间，睚眦必报只会逼得自己无力支招。

得饶人处且饶人

知恩不报非君子，对别人给予的恩惠要努力报答。对别人给予的伤害，是否也要努力"报答"呢？是"有仇不报非君子"吗？

在对待报恩与报仇上，普遍的看法是"以其人之道，还其人之身"。也就是说，你怎样对待我，我就以同样的方式回敬你，公平、合理，两不相欠。而具体到报仇上，可以概括为"人不犯我，我不犯人；人若犯我，我必犯人！"干净利落，不留余地。

上面所说的对待"报仇"的态度，即使放在天平上经过精密的衡量，也是"公平"的。你打我一拳，我给你一腿，两厢抵消。但生活中真的有那么多的大"仇"和"怨"值得你去回报吗？

有人会回答：值得，为什么不值得呢？他给我造成了伤害，让我备受煎熬，我也要让他尝尝痛苦的滋味，这叫报应！这下好了，原本是一个人痛苦，现在是两个人了，报复者心里确实平衡了很多。但你也应该听到过"仇人相见，分外眼红"这句说法，你们之间的梁子结得更大了，恐怕以后还会互相斗法。

有位贵妇带着她年幼的儿子到纽约旅行，坐上一辆的士，当的士经过一个街口时，儿子的眼光被街头几位浓妆艳抹，不时对男人抛媚眼的女郎吸引住了。

"这些女士在做什么？"男孩问。

他的母亲面红耳赤，说："我想她们迷路了，正在问路。"

的士司机听了，一脸不屑地说："明明是妓女，你为什么不说实话呢？"

贵妇对司机的无理十分愤怒。儿子接着又问："妓女是什么？她们跟一般的女人有什么不同？她们有孩子吗？"

"当然!"母亲回答:"不然纽约的这些的土司机是谁生的?"

我们都常听到冲突的双方说辞:"是'他'先开始的!"然后继续听下去，你可能也会听到:"没错，但我那么做是因为之前你所说的话!"接着是:"可是我那么说，还不是因为你先……"结果就没完没了。也许当初只是一件极为简单的小事，最后也能演变成严重的闹剧。

两辆的士狭路相遇，司机互不相让。

一阵争吵后，一个司机郑重其事打开报纸，靠在椅背上看报。

另一个司机也不甘示弱，大声喊道:"喂! 等你看完后能否把报纸借给我?"

另有一对父子，脾气都很犟，凡事都不愿认输，也不肯低头让步。一天，有位朋友来访，所以父亲就叫儿子赶快去市场买些菜回来。

儿子买完菜在回家的途中，却在狭窄的巷口与一个人迎面对上，两人竟然互不相让，就这样一直僵持下去。

父亲觉得很奇怪，为什么儿子买个菜去了那么久，于是前去察看发生了什么事。当这个父亲见到儿子与另一个人在巷口对峙时，就气愤地对儿子说:"你先把菜拿回去，陪客人吃饭，这里让我来跟他耗，看谁厉害!"

想解开缠绕在一起的丝线时，是不能用力去拉的，因为你愈用力去拉，缠绕在一起的丝线必定会缠绕得更紧。人与人的交往也一样，很多人只知道"得理不饶人"，却不晓得"顺风扬篷、见好就收"的道理，结果关系缠绕纠结，常闹到两败俱伤的地步。

用宽恕去化解仇恨

　　生活中很少有什么不共戴天的大仇非报不可，真的到了"大仇"的份儿上，会有法律的武器来制裁他，至少也有道德的力量来惩罚他。一般的怨恨与梁子，还是以德报怨更好。子曰："为政以德，譬如北辰，居其所而众星共之。"可见"德"的力量之大。

　　一天下午，当库克驾驶着蓝色的宝马回到公寓的地下车库时，又发现那辆黄色的法拉利停靠在离他的泊位很近的地方。"为什么老不给我留些地方？"库克心中愤愤地想。

　　这天，库克比那辆黄色法拉利先回去。当他正想关掉发动机，那辆法拉利开了进来，驾车人像以往那样把她的车紧紧地贴着库克的车停下。库克实在无法忍耐，加上他当时正患感冒，头疼得厉害，而且还刚收到税务所的催款单。于是，库克怒目瞪着黄色法拉利的主人大声喊道："你离我远些！"

　　那位黄色法拉利的主人也瞪圆双眼回敬库克："和谁说话呢？"她边尖着嗓门大叫边离开车子，"你以为你是谁，是总统？"说完不屑一顾地扭转身子走了。库克咬咬牙心想："我会让你尝尝我的厉害。"第二天，库克回家时，黄色的法拉利正好还未回车库，库克把车子紧挨着她的车位停下，这下她会因为水泥柱子而打不开车门的。

　　接着的几天，那辆黄色的法拉利每天都先于库克回到车库，逼得库克好苦。"老这样下去能行吗？该怎么办呢？"很快，库克有了一个好主意。第二天早晨，黄色法拉利的女主人一坐进她的车子，就发现挡风玻璃上放着一个信封。

　　亲爱的黄色法拉利：

　　很抱歉我家的男主人那天向你家女主人大喊大叫，他并不是有意针对哪个人的，这也不是他惯有的作风，只是那天他从信箱里拿到了带来坏消息的信件，我希望您和您家的女主人能够原谅他。

您的邻居蓝色宝马

第三天早晨，当库克走进车库，一眼就发现了挡风玻璃上的信封，他迫不及待地抽出信纸。

亲爱的蓝色宝马：

我家的女主人这些日子也一直心烦意乱，因为她刚学会驾驶汽车，因此还停不好车子，我家女主人很高兴看到您写的便条，她也会成为你们的好朋友的。

您的邻居黄色法拉利

从那以后，每当蓝色的宝马和黄色的法拉利再相见时，他们的驾车人都会愉快地微笑着打招呼。

一位妇人同邻居发生了纠纷，邻居为了报复她，趁黑夜偷偷地放了一个花圈在她家的门前。

第二天清晨，当妇人打开房门的时候，她深深地震惊了。她并不是感到气愤，而是感到仇恨的可怕。是啊，多么可怕的仇恨，它竟然衍生出如此恶毒的诅咒！竟然想置人于死地而后快！妇人在深思之后，决定用宽恕去化解仇恨。

于是，她拿着家里种的一盆漂亮的花，也是趁夜放在了邻居家的门口。又一个清晨到来了，邻居刚打开房门，一缕清香扑面而来，妇人正站在自家门前向她善意地微笑着，邻居也笑了。

一场纠纷就这样烟消云散了，她们和好如初。

用宽容的心去体谅他人，把微笑真诚地写在脸上，其实也是在善待我们自己。当我们以平实真挚、清灵空洁的心去宽待别人时，心与心之间便架起了相互沟通的桥梁，这样我们也会获得宽待，获得快乐。古人说："耳目宽则天地窄，争务短则日月长"。这意思是说，如果总是让自己听到的、看到的管得太宽，那么"天地"也会变窄小的；如果把张家长李家短的纷争处理得当，那么"人生的日子"就会变得有意义，就像是延长了寿命。

以和为贵，开心自来

卡尔是一位卖砖的商人，由于另一位对手的恶性竞争而使他陷入困难之中。

对方在他的经销区域内定期走访建筑师与承包商，告诉他们：卡尔的公司不可靠，他的砖不好，生意也面临即将停业的境地。

卡尔并不认为对手会严重伤害到他的生意，但是这件麻烦事使他心中生出无名之火，真想"用一块砖头敲碎那人肥胖的脑袋"作为发泄。

在一个星期天的早晨，卡尔听了一位牧师的讲道。主题是：要施恩给那些故意跟你为难的人。卡尔把每一个字都记下来。卡尔告诉牧师，就在上个星期五，他的竞争者使他失去了一份25万元的订单。但是，牧师却教他要以德报怨、化敌为友，而且举了很多例子来证明自己的理论。

当天下午，当卡尔在安排下周的日程表时，发现住在弗吉尼亚州的一位顾客，要为新盖一间办公大楼购买一批砖。可是他所指定的砖却不是卡尔他们公司所能制造供应的那种型号，而与卡尔的竞争对手出售的产品很相似，同时卡尔也确信那位满嘴胡言的竞争者完全不知道有这个生意机会。

这使卡尔感到为难。如果遵从牧师的忠告，自己就应该告诉对手这项生意的机会，并且祝他好运。但是，如果按照自己的本意，他宁愿对手永远也得不到这笔生意。

卡尔在内心挣扎了一段时间，牧师的忠告一直盘踞在他的心田。最后，也许是因为很想证实牧师是错的，卡尔拿起电话拨到竞争者的家里。

当时，那位对手难堪得说不出一句话来。卡尔就很有礼貌地直接告诉他，有关弗吉尼亚州的那笔生意机会。

有一阵子那位对手结结巴巴地说不出话来，但是很明显，他很感激卡尔的帮忙。卡尔又答应打电话给那位住在弗吉尼亚州的承包商，并且推荐由对手来承揽这笔订单。

后来，卡尔得到了非常惊人的结果，对手不但停止散布有关他的谎言，而且甚至还把他无法处理的一些生意转给卡尔做。现在，除了他们之间的一些阴霾已经获得澄清以外，卡尔心里也比以前好受多了。

把敌人变成朋友，远比简单的宽恕敌人要高明得多。减少一个敌人，我们会放下一袋仇恨的垃圾，减少一份敌对的阻力；增加一个朋友，我们就能收获一份友谊，得到更多帮助。而化敌为友，无疑是一种双重的利好。

战国时，梁国与楚国相接，两国在边界上各设界亭，亭卒们也都在各自的地界里种了西瓜。梁亭的亭卒勤劳，瓜秧长势极好，而楚亭的亭卒懒惰，瓜秧又瘦又弱，与对面瓜田的长势简直不能相比。楚亭的人觉得失了面子，有一天夜里偷跑过去把梁亭的瓜秧全给扯断了。

梁亭的人在次日面对满目狼藉的瓜田，气愤难平，连忙报告给边县的县令宋就，请求县令组织人力去扯楚亭的瓜秧。宋就说："他们这样做真的太卑鄙了！不过，既然我们不愿他们扯我们的瓜秧，为什么我们要反过去扯他们的瓜秧呢？别人做得不对，我们再跟着学，那就太狭隘了。你们听我的话，从今天起，每天晚上去给他们的瓜秧浇水，让他们的瓜秧长得好。而且，你们这样做，一定不可以让他们知道。"

梁亭的人听了宋就的话后，勉强地答应了并照办。楚亭的人在不久后，发现自己的瓜秧长势一天好似一天。他们感到奇怪，便暗中观察，发现居然是梁亭的人在黑夜里悄悄为他们浇水。楚亭人羞愧难当，将此事报告楚国边县的县令。楚县令听后感到十分的惭愧又十分的敬佩，又把这件事报告了楚王。楚王听说后，也感于梁国人修睦边邻的诚心，特备重礼送梁王，既以示自责，亦以示酬谢。结果，这一对敌国成了友好的邻邦。何必要多树立仇敌呢？友善从一开始就会使你显得大度、姿态高雅，就会使你生活的天地无比辽阔。如果别人对不住你，你还以友善待他，他自会对你有负疚感，说不定以后还会加倍补偿给你，这正是做聪明人的方法。

大多数敌人正是你自己造成的，友善会使你的朋友遍天下，使你的品格升华，生命充满欢乐。

第九章

取舍明智，轻松前行

　　人之所以舍不得，归根到底是没有信心掌控未来，因而拼命地想要抓住今天，享有今天，全不顾及明天。《卧虎藏龙》里李慕白有一句很经典的话："当你紧握双手，里面什么也没有；当你打开双手，世界就在你手中。"舍与得就如水与火、天与地、阴与阳一样，是既对立又统一的矛盾体，相生相克，相辅相成，存于天地，存于人生，存于心间，存于微妙的细节，囊括了万物运行的所有规律。万事万物均在舍得之中，达到和谐，达到统一。

取舍间的人生智慧

人的一生，是由一连串的选择组成。你选择了 A 大学，就意味着你放弃了 B 大学；你选择了李小姐做妻子，就意味着你放弃了王女士……面临多种选择，我们常常觉得难以做出抉择。而难以抉择的原因，究其根本还是"舍不得"。这也想要，那也想要，取舍乱人心扉。

什么是得？得到娇妻是得吧，但你在得到的同时，意味着要失去单身时代的无拘无束。得到一份满意的工作是得吧，但也意味着你失去进入其他更好工作的机会……世界上任何一种得到，必然伴随着失去。同理，世界上任何一种失去，也意味着得到。其实，得与失之间存在着亦此亦彼、互相依存、互为转换的关系，在妇孺皆知的"塞翁失马"寓言中，已经对此做了形象的展现。

然而，生活中不乏有人看不透彻，想不明白。那些自以为精明的人最容易患得患失。患得患失的人不仅为失而痛苦，还会为得而忧虑。失去了官位会痛苦，而得到了官位也未必开心得起来，他们会为如何保住自己的位置而忧虑，为再往上爬而伤神。这种人处心积虑、挖空心思、巧取豪夺，整天生活在这样的心态之中，即便是权倾天下、富可敌国，又有什么生活的质量？

14 世纪法国经院哲学家布利丹曾经讲过一个哲学故事：

有一头毛驴站在两堆数量、质量和与它的距离完全相等的干草之间。它虽然享有充分的选择自由，但由于两堆干草价值绝对相等，客观上无法分辨优劣，也就无法分清究竟选择哪一堆好，于是它始终站在原地不能举步，结果只好活活饿死。

这个关于选择的困惑后来被人们称之为"布利丹毛驴的困惑"。布利丹毛驴的困惑和悲剧也常折磨着人类，特别是一些缺乏社会阅历的初涉人世者。其实我们每一个人都遇到过类似布利丹毛驴所面对的情形，在两捆难以辨别优劣或各有千秋的干草之间做不出选择。而选择之难，难在"舍不得"。因此，与其说一个人不知道如何选择，不如说他不知道如何舍弃。而一个人选择得当，其实也就是舍弃适宜而已。

人生苦短，要想获得越多，就得舍弃越多。那些什么都不肯舍弃的人，是不可能获得他们想要的东西的，其结果必然是对自身生命最大的舍弃，让自己的一生永远处于碌碌无为之中。

有位记者曾经采访过一位在事业上颇为成功的女士，请教她成功的秘诀，她的回答竟然是简单的两个字：舍得。她用她的亲身经历对此做了最具体生动的诠释：为了获得事业成功，她舍弃了很多很多，优裕的城市生活、舒适的工作环境、数不清的假日……

有时，当提议朋友们一起聚会或集体旅游时，我们常常会听到朋友类似的抱怨：唉，有时间时没钱，有钱时又没有时间。其实，人生是不存在一种很理想的状态的，你只能在目前的情况与条件下做出自己的决定。选择不能拖欠，当你想着等待更好的条件时，也许你已经错过了选择的机会。

该放下时一定要舍得，不放下手中的东西，又怎么会拿起另外的东西呢？

天道吝啬，造物主不会让一个人把所有的好事都占全。鱼与熊掌不可兼得，有所得必有所失。从这个意义上说，任何获得都是以舍弃为代价的。人生苦短，要想获得越多，自然就必须舍弃越多。不懂得舍弃的人往往不幸，曾听朋友说起过他们单位的一个女人的故事，其人年逾不惑仍待在闺宇中，不是她不想结婚，也不是她条件不好，错过幸福的原因恰恰在于她想获得太多的幸福，或者说，她什么也不肯舍弃：对于才貌平平者她不屑一顾；有才无貌者她也看不上眼；等到才貌双全了，自己地位低微又使个人的自尊心受到极大地刺痛……有没有她理想中的白马王子呢？也许有，但我猜想，那一定是在天上而不在人间。

　　每一次默默地舍弃，舍弃某个心仪已久却无缘分的朋友，舍弃某种投入却无收获的事，舍弃某种心灵的期望，舍弃某种思想时就会生出一种伤感，然而这种伤感并不妨碍我们去重新开始，在新的时空内将音乐重听一遍，将故事再说一遍！因为这是一种自然的告别与舍弃，它富有超脱精神，因而伤感得美丽！

不舍方不得

有些东西，其实是我们想留也留不住的。比如爱情，他有时候来得会很快。有时候走得也会很快。在网上，看到一篇发人深省的文章，题目是女人说："很想离开他，但每次都舍不得。"

两个人一起的日子久了，要分手也不是一次就可以分得开的。明明下定决心跟他分手，分开之后，却又舍不得，两个人就复合了。复合了一段时间，还是受不了他，这一次，真的下定决心要分手了。分开之后，又舍不得。一个月之后，两个人又再走在一起。

女人悲观地说："难道就这样过一辈子？"

请相信我，终于有一次，你会舍得。

舍不得他，是因为舍不得过去。和他一起曾经有过很快乐的日子，虽然现在比不上从前，但是他曾经那么好。怎舍得他？

离开之后又回去，因为舍不得从前。每一次吵架之后，都用从前那段快乐的日子来原谅他。在回忆里，他是好的，那就算了吧。

无法忍受他，这一次真的要离开他了。可是，因为舍不得从前，于是又再给他一次机会。每次对他有什么不满，就用从前最快乐的那段日子来宽恕他。在回忆里，他是曾经拿过一百分的。

然而，快乐的回忆也有用完的一天。有一天，你不得不承认那些美好的日子已经永远过去了，不能再用来原谅他。这个时候，你会舍得。

有道是："爱到尽头，覆水难收。"当爱远走时，无论它是发生在自己或者对方身上，舍得都是唯一的出路。如果因为无法放弃曾经有过的美好，无法放下曾经拥有的执着而舍不得。除非是殚精竭虑、心灰意冷、彻底绝望，心中已经不再有灿烂的火花，甚至连那些燃烧过后的草木灰也没有了一点温度，这种时候，想不淡漠都难。从此对你形同陌路，对你的一切也不再有任何的回应。没有余恨，没有深情，更没有心思和气力再作哪怕多一点的纠缠，所有剩下的，都只是无谓。有一天当发现对于过去的一切你都不再在乎，它们对你都变得无所谓的时候，这段爱肯定也就消失了。但到了这样的地步又何苦呢？

如果你真的珍惜那份感情，不如舍得放手。这样还保留了那份美好的情感不至于遍体鳞伤。舍得的本意是珍惜；放手的真义是爱惜。爱情是如此，其他的又何尝不是这样呢？休别鱼多处，莫恋浅滩头，去时终需去，再三留不住。如果你真的在乎，那就糊涂一点，舍得一些。

世界是阴与阳的构成，人活于世无非也就是一舍一得的重复。舍得既是一种生活的哲学，更是一种处世与做人的艺术。舍与得如同水与火、天与地一样，是既对立又统一的矛盾体，万事万物均在舍得之中，其实懂得了也不过只有两个字：舍得。只有真正理解了、醒悟到了，也便知道了"不舍不得，小舍小得，大舍大得"这个朴素的道理。

随遇而安，顺其自然

如今，"工作真累"和"何日才能成功"之类的说法当今社会广泛流行，这一现象引起了许多社会学家与心理学家的疑惑：为什么社会在不断进步，而人对工作压力的感觉却越来越重，精神越发空虚，思想异常浮躁？

科技的迅速进步，使我们尝到了物质文明的甜头：先进的交通工具、通信工具、娱乐工具……然而物质文明的一个缺点就是造成人与自然的日益分离。人类以牺牲自然为代价，其结果便是陷于世俗的泥淖而无法自拔，追逐于外在的礼法与物欲而不知什么是真正的美。金钱的诱惑、权力的纷争、宦海的沉浮让人殚精竭虑。是非、成败、得失让人或喜、或悲、或惊、或诧、或忧、或惧，一旦所欲难以实现，一旦所想难以成功，一旦希望落空成了幻影，就会失落、失意乃至失志。而那些实现了梦想的呢，又很难真正满足，他们如同一只没有脚的小鸟永远只能飞翔，在劳累中飞向生命的终点。

失落是一种心理失衡，失意是一种心理倾斜，失志则是一种心理失败。而劳累表面上是体力的疲惫，实则是发自内心的衰竭。身心俱疲却找不到一个可以停靠的港湾，是一件多么无奈与绝望的事情！

出家人讲究四大皆空，超凡脱俗，自然不必计较人生宠辱。而生活在滚滚红尘之中的你我，谁也逃离不开宠辱。在荣辱问题上，若能做到顺其自然，那才叫洒脱。一个人，凭着自己的努力实干，凭自己的聪明才智获得了应得的荣誉或爱戴时，更应该保持清醒的头脑，切莫受宠若惊，飘飘然，自觉霞光万道，"给点光亮就觉灿烂"。一个人的荣辱感在很大程度上是来自于别人对自己的一种评价，而生命不应该是活给别人看的。生命可以是一朵花，静静地开，又悄悄地落，有阳光和水分就按照自己的方式生长。生命可以是一朵飘逸的云，或卷或舒，在风雨中变幻着自己的姿态。

老子的《道德经》中说："宠辱若惊，贵大患若身。何谓宠辱若惊？宠为下，得之若惊，失之若惊，是谓宠辱若惊。何谓贵大患若身？吾所以有大患者，为吾有身，及吾无身，吾有何患？"大意是："对于荣辱都感到心情激动，重视大的忧患就像重视自身一样。为什么说受到荣辱都让人内心感到不安呢？因为被尊崇的人处在低下的地位，得到尊崇便感到激动，失去尊崇也感到惊恐，这就叫作宠辱若惊。什么叫作重视大的忧患就像重视自身一样？我之所以有大的忧患，是因为我有这个身体；等到我没有这个身体时，我哪里还有什么忧患！"

在晚明陈继儒的《小窗幽记》里有一句这样的话：宠辱不惊，闲看庭前花开花落；去留无意，漫观天上云卷云舒。一个人要是能够做到"宠辱不惊，去留无意"的境界，那么就没有什么事物能绊住他的脚、拴住他的心。而唐朝的女皇武则天，死后立了一块无字碑。武则天的无字碑中，透露出一种大智大慧、大觉大悟的睿智。她以女流之辈坐南朝北，一手杀亲子、诛功臣，一手不拘一格用人才、尽心尽力治国家。荣辱相伴相生，莫一而衷。既然如此，何必学他人为自己立下洋洋洒洒的功德碑？不如全部放下，千秋功过，留待后人评说。一字不着，尽得风流。

天空没有翅膀的痕迹，而我已经飞过！

克制心中的贪欲

一个财主不慎掉进水里，在水中一边扑腾一边喊救命。然而岸上并没有人。上天见了，对财主说："你若解下腰上包袱里的黄金，不就可以游上岸吗？"财主听了，生怕水浪将他的包袱冲走，反而用双手更紧地抓住包袱——就这样，他沉入了水底，再也没有机会浮到水面上来了。

贪婪是灾祸的根源。对于贪婪的人，上天也救不了他。为人处世，若贪欲过盛，则不免损害他人的利益而遭到众人唾弃；经营事业若好高骛远过于贪婪，事业难以长久。

一般来说，凡贪心十足的人，凡想要把什么东西都搞到自己手中的人，其中尤以贪财、贪色者为众，但结局往往是搬起石头砸了自己的脚。

古时候，一个放羊的男孩在一个偶然的机会发现了一个深不可测的山洞，这个地方很隐蔽，他从未涉足过。好奇心促使他一步步地往山洞深处走去。突然，就在洞的深处，他发现了一座金光闪闪的宝库。天哪，这是不是人们常说的天下第一宝藏呢？放羊的男孩很是好奇，他从来没有见到过这么多的金子，他很高兴，于是小心地从成千上万的金山中拿了小小的一条，他自言自语道："要是财主不再让我帮他放羊的话，这些金子也够我生活一段时间了。"他边说边从金库回到放羊的山上，"够用了、够用了"。然后不慌不忙地将羊赶回老财主家，又如实地将这一天的发现告诉了财主。还把自己捡到的那块金子拿出来给财主看，让他辨别其真假。财主一看、二摸、三咬之后，一把将放羊的男孩拉到身边，急切地问藏金子的洞在哪里。男孩把藏金子的山洞的大体位置告诉了他，老财主马上命令管家与手下们直奔男孩放羊的那座山，还担心男孩的话不真，让男孩为他们带路。

　　财主很快见到了真的金山，高兴得不得了。他想：这下我可发了大财了，他赶忙将金子装进自己的衣袋，还让一起进来的手下拼命地装。就在他们把小男孩支走，准备带走所有的金子的时候，洞里的神仙发话了："人啊，别让欲望负重太多，天一黑下来，山门就要关了，到时候，你不仅得不到半两金子，连老命也会在这里丢掉，别太贪婪了。"

　　可是财主就是听不进去，他想山洞这么空阔，且又那么坚硬，就是天大的石头砸下来，也砸不到自己的头上，何况这里有这么多的金子呀！不拿白不拿，负重一点有什么怕，拥有了这些金子，出去后我不就是大富翁了吗？于是财主还是不停地搬运，非要把金山搬空不可。忽然，一阵轰隆隆的雷声响起后，山洞全被地下冒出的岩浆吞没掉，财主别说是当富翁啊，就是连自己性命也丢在了火山的岩浆之中了。

　　岩浆依旧在地下奔腾。欲望太多、太重，会让负重的人在一道道坎上跌倒。人有七情，也有六欲，这本属正常，也是一个人在物质社会里不能或缺的东西。可是六欲不能太重，七情亦不能太多，只有这样，一个人才能在社会上长久立足，也才能够不被欲望所左右，否则就会成为自己利益的马前卒，或是非法财富的掠夺者，那么总有一天人生的金矿也会冒出无情的地火，美好的生活也会在欲望的世界里被焚毁。日本学者小路实笃在《人生论》中所说："一味地满足自己的物质欲望是一种利己的行为，定然不能产生与他人共通之物。在否定他人的同时，洋洋自得，尾巴翘到天上，采用此种生活方式的人四处树敌，把反感的情绪带给众人，损害他人，窒息自己。"

　　明代《菜根谭》又言："富贵是无情之物，看得至重，它害你越大；贫贱是耐久之交，处理至好，它益你反深。故贪商于而恋金谷蕴者，竟被一时之显戮；乐箪瓢而甘敝蕴者，终享千载之令名。"这段话的意思很明显，不节制贪欲，过于贪心，必然为贪欲所害。

那么，该怎样戒掉使人堕落的贪婪呢？以下几点，可作为读者自戒的参考。

多克制一点自己不切实际的、过分的欲望，这就是说不要纵欲，要节欲；

多想一想"若要人不知，除非己莫为"的简单道理，这就是说作为一个人要理智一点，不要耍小聪明，不要聪明反被聪明误；

多想一点法律的威力和自己的前途，这就是说，即使为了自己的将来也不能做那些违法乱纪和伤天害理的事；

多想一想悲剧性后果对自己家庭、妻子、孩子的影响，这就是说一个人要多一点责任感，包括自己在家庭中的责任；——多对自己或大或小的权力进行约束，这就是说一个人在有权时也不要得意忘形，不要肆无忌惮；

多对自己的言行作反省，这就是说作为一个人要加强自己的人格修养，随时随地地严格要求自己。

一个人大致做到了上述几点，就不会贪婪了。

幸福无须多多益善

　　有位年轻的猎人设计了一个捕捉野鸡的装置。他在一个大箱子里面和外面撒了玉米，大箱子有一道门，门上系了一根绳子，他抓着绳子的另一端躲在暗处，只要等到野鸡进入箱子，他就可以通过拉扯绳子把门关上。

　　布下装置的第一天，就飞来了一群野鸡。猎人数了数，有26只。一只野鸡发现了大箱子里的玉米，进入箱子，紧接着又陆续进入了10只。猎人想将箱子的门关上，但转念一想，还是再等一等吧，说不定还会有更多的野鸡进入箱子里。他正为自己的想法陶醉，不巧1只溜了出来，他想还是把箱子的门关上算了，但想到本来就属于自己的11只野鸡现在只剩下了10只，又不甘心。他决定等箱子里再有11只野鸡后，就关上门。然而就在他等第11只野鸡的时候，又有2只野鸡跑出来了。他想等箱子里再有10只野鸡，就拉绳子。可是在他等待的时候，又有3只野鸡溜出来了。最后，箱子里1只野鸡也没剩。真正是"捕鸡不成反蚀了一把米"！

　　都说该出手时就出手，却很少有人说该罢手时就罢手。整天忙忙碌碌，东索西取，生活的意义何在？人生的乐趣何在？

　　只要你拥有"多多益善"的想法，认为物质生活"越多越好"，你就永远不会满足。

　　每当我们得到什么或达到了某一目标，我们大部分人就会立即再继续做下一件事。尽管有了成就感，但这也压制了我们对生活和许多幸福的欣赏。

　　学会满足并不是说你不能、不会，或不该想得到比你的财产更多的东西，只是说你的幸福不要完全依赖于它。你可通过更多着眼于现实，而不是太注重你想得到的东西来学会满足于现有的一切。

你可以建起一种新的思维来欣赏你已享有的幸福，以新的眼光看待你的生活，就像是第一次看到它。当你建立起这一新的意识，你将会发现，当新的财产或成就进入你的生活，你的欣赏程度将被提高，而生活也将会变得更加快乐。

即使在西方，也有这样一种凡事皆不可过贪的思想。比如，古希腊神话总是充满寓意的。伊卡罗斯借装在身上的蜡翼飞得很高，但是在接近太阳时，炽热的阳光烤化了翅膀，他坠海而死。而他的父亲却飞得很低，安全抵家。一个人往往会随年龄之变化而使自己的思想更为成熟，同时也会更多地减少人生中因为贪婪而造成的错误。

吃亏成就人生经验

在中国传统思想中，有"吃亏是福"一说。这是哲人们所总结出来的一种人生观——它包括了愚笨者的智慧、柔弱者的力量，领略了生命含义的豁达和由吃亏退隐而带来的安稳与宁静。与这种貌似消极的哲学相比，一切所谓积极的哲学都会显得幼稚与不够稳重以及不够圆熟。

"吃亏是福"的信奉者，同时也一定是一个"和平主义"的信仰者。林语堂在《生活的艺术》中对所谓"和平主义者"这样写道："中国和平主义的根源，就是能忍耐暂时的失败，静待时机，相信在万物的体系中，在大自然动力和反动力的规律运行之上，没有一个人能永远占着便宜，也没有一个人永远做'傻子'。"

大智者，其行为常常是若愚的。而且，唯有其"若愚"，才显其"大智"本色。其中的"若"这个字在这里很重要，也就是"像"的意思，而不是"是"的意义。以下是唐代的寒山与拾得（他们二人实际上是一种开启人的解脱智慧的象征）两个人的对话。

一日，寒山对拾得说："今有人侮我、笑我、藐视我、毁我伤我、嫌恶恨我、诡谲欺我，则奈何？"拾得回答说："但忍受之，依他、让他、敬他、避他、苦苦耐他、不要理他。且过几年，你再看他。"

那些高傲的不可一世的人，他们贪婪的结局一定是够尴尬的了，而我们也一定可以想象得出，善于舍得者胜利的微笑——尽管这可能是一种超脱的微笑，不过，它的确会给我们的生活带来一些好处。

"扑满"，就是我们常常说的用瓷或泥做的硬币储蓄盒。在小的候，我们常将父母给的一些零用钱放进去，当这个储蓄盒满的时候，我们就将这储蓄盒打破，而将其中的钱取出来。然而，当它是空的时候，它却可以保全它的自身。

所以，如果我们知道福祸常常是并行不悖的，而且福尽则祸亦至，而祸退则福亦来的道理，因此，我们真的应该采取"愚""让""怯""谦"这样的态度来避祸趋福。所以，像"愚""让""怯""谦"这样道气十足的话，即使不是出于孔子之口，也必定是哲人之言，也是中国传统思想中的一部分。

"吃亏"往往是指物质上的损失，但是一个人的幸福与否，却常常是取决于他的心境如何。如果我们用外在的东西，换来了内心上的平和，那无疑是获得了人生的幸福，这便是值得的。

若一个人处处不肯吃亏，则处处都想去占便宜，于是，骄心日盛。而一个人一旦有了骄狂的态势，难免会侵害别人的利益，于是便起纷争，在四面楚歌之下，又焉有不败之理？

所以，人最难做到的就是在"吃亏是福"的前提下，认识到两点，一个是"知足"，另一个就是"安分"。"知足"则会对一切都感到满意，对所得到的一切，内心充满感激之情；"安分"则使人从来不奢望那些根本就不可能得到的或根本就不存在的东西。没有妄想，也就不会有邪念。所以，表面上看来"吃亏是福"以及"知足""安分"会让人有不思进取之嫌，但是，这些思想也是在教导人们能成为一个对自己有清醒认识的人，做一个清醒的正常人。因为，一个非常明白的常识——即不需要任何理论就可以证明的是，相当多的祸患不都是在于人们的"不知足"与"不安分"，或者说是个肯吃亏而引起的吗？

"吃亏"有两种，一种是主动的吃亏，一种是被动的吃亏。

"主动的吃亏"指的是主动去争取"吃亏"的机会，这种机会是指去做没有人愿意做的事、看似困难的事或是报酬少的事。这种事因为无物质便宜可占，因此大部分的人不是拒绝就是不情愿，如果你主动争取，老板当然对你感激有加，一份情感必会记在心上，日后无论你是升迁或是自行创业，他都是有可能帮助你的人，这也是对人际关系的帮助。最重要的是，你什么事都做，正可以磨炼你的做事能力和耐力，不但懂得比别人多，也进步得比别人快，这可是你的无形资产，绝不是用钱能买得到的。

"被动的吃亏"是指在未被告知的情形下，突然被分派了一个你并不十分愿意做的工作，或是工作量突然增加。碰到这种情形，除非健康因素或家庭因素，否则就应接下来；如果冷眼旁观周围环境，发现也没有你抗拒的余地，那就更应该"愉快"地接下来。也许你不太情愿，但事情已成定局，也只好用"吃亏就是占便宜"来自我宽慰，要不然怎么办呢？至于究竟有没有"便宜"可占，那是很难说的，因为那些"亏"有可能是对你的试炼，考验你的心志和能力，或许是为了重用你啊！姑且不论是否"重用"你，在"吃亏"的状态下，磨炼出了你的耐性，这对你日后做事绝对是有帮助的。我的一个朋友托我给他儿子介绍一个工作，这个孩子是计算机专业的大学毕业生。我把他推荐给一个图书发行公司的老板，老板先请他吃饭，然后安排他到书库实习，结果这个孩子不辞而别。老板后来对我说："现在的年轻人真怪！不熟悉整个公司工作流程，怎么谈得上管理，又怎么用计算机管理。"老板还说："我是把他当作人才来使用的，谁知他竟然这么不懂事。我从来不请员工吃饭，他是第一个。"

看来做事"吃亏就是占便宜"，做人何尝不是如此。

做人比做事难，但如果也有"吃亏就是占便宜"的心态，那么做人其实也不难；因为人都喜欢占便宜，你吃一点亏，让别人占一点便宜，那么你就不会得罪人，人人当你是好朋友！何况拿人手短，吃人嘴软，他今天占你一点便宜，心里多少也会过意不去，只好在恰当时候回报你，这就是你"吃亏"之后所占到的"便宜"！

不要让自己负重前行

大卫是纽约一家大报社的记者，由于工作的缘故，经常在外地跑。一天，他又要赴外地采访，像往常一样，收拾好行李，一共3件。一个大皮箱装了几件衬衣、几条领带和一套讲究的晚礼服。一个小皮箱装采访用的照相机、笔记本和几本工具书。还有一个小皮包，装一些剃须刀之类的随身用品。然后，他像往常一样和妻子匆匆告别，奔向机场。

工作人员通知他，他要搭乘的飞机因故不能起飞，他只好换乘下一班飞机。在机场等了两个多小时，他才搭上飞机。

飞机起飞时，他像往常一样，开始计划到达目的地的行程安排，利用短暂的时间做好采访前的准备。正当他绞尽脑汁地投入工作时，飞机突然剧烈地震荡了一下，接着，又是几下震荡，他的第一个反应是：飞机遇到了故障。

空中小姐告诉大家系好安全带，飞机只是遇到气流，一会儿就好了。大卫靠在座位上，也许是出于职业敏感，从刚才的震荡中，他意识到飞机遇到的麻烦不像空中小姐说的那么简单。

果然，飞机又接连几次颠簸，而且越来越剧烈。广播里传来空中小姐的声音，这时，其他乘务员也站在机舱里，告诉大家飞机出了故障，已经和机场取得联系，设法安全返回。现在，飞机正在下落，为了安全起见，乘务员要求乘客把行李扔下去，以减轻飞机的重量。

大卫把自己的大皮箱从行李架上取下来，交给乘务员扔下去，又把随身带的皮包交出去。飞机还在下落，大卫犹豫片刻，才把小皮箱取下扔出去。这时，飞机下落速度开始减慢，但依然在下落，机上的乘客骚动起来，婴儿开始哭叫，几个女人也在哭泣。

　　大卫深深地吸了一口气，尽量使自己保持平静，但想起妻子，早晨告别时太匆忙，只是匆匆地吻了一下，假如他们就此永别，这将是他终生的遗憾。他把随身的皮夹、钢笔、小笔记本掏出来，匆匆给妻子写下简短的遗书："亲爱的，如果我走了，请别太悲伤。我在一个月前刚买了一份意外保险，放在书架上第一层那几本新书的夹页里，我还没来得及告诉你，没想到这么快就会用上。如果你从我身上发现这张纸条，就能找到那张保险单的，原谅我，不能继续爱你。好好保重，爱你的大卫。"

　　大卫以最大的毅力驱除内心的恐惧，帮助工作人员安慰那些因恐惧而恸哭的妇女和儿童，帮着大家穿救生衣。在关键时刻，越是冷静危险就越小，生还的可能就越大。

　　最后的时刻终于到了，大卫闭上眼睛在一阵刺耳的尖叫混合着巨大的轰隆声中，他感到一阵撞击，他在心中和妻子、亲人做最后的告别。

　　不知过了多长时间，大卫睁开眼睛，发现自己还活着，而周围一片哭喊。他一下跳起来，眼前的一切惨不忍睹，有的倒在地上，有的在流血，有的在痛苦地呻吟，他连忙加入救助伤员的队伍中。

　　当妻子哭着向他奔来时，他还抱着不知是谁的孩子。这一回，他长长地吻着早晨刚刚别离却仿佛别离一世的妻子。

　　那一次，只有1/3的乘客得以生还，而大卫竟毫发无损。当然，他损失了3件行李，损失了一次原定的采访，不过，他对此次空难的亲身体会却上了纽约各大报纸的头版。

　　当我们背负这沉重的包袱艰难前行时，当我们为丢失了某件行李而悲痛伤心时，我们不妨想一想：那些包袱与行李真的是如此重要吗？

　　人生不需要太多的行李。只要有爱的存在，就够了。

第十章

适时糊涂， 升华人生

　　活在世间，谁都想做个明白人，然而人生的纷繁、人性的复杂，使人不可能在有限的时间里就洞明世界的全部内涵。

　　糊涂是明白的升华，是看透不说透的涵养，是超脱物外、不累尘世的气度，是行云流水、悠然自得的潇洒，是整体把握、抓大放小的运筹，是甘居下风、谦让阔达的胸怀，是百忍成金、化险为夷的韬略。

如何学习"糊涂经"

总听见有人说:"活得太累!"于是乎什么"烦着呢!别理我""养家糊口真累",都被赫然印在汗衫上,挎在了人们的前胸后背,招摇过市。这是一种压抑、烦躁、郁闷的心理情绪的表露和发泄,表明某些人的确活得累、活得心烦。

究其"累"的原因,有可能还是事事较真,缺乏"糊涂"意识。谈对象,你要把人家的生辰八字问个彻底;做父母,你要把别人给儿女的信都拆开检查;当主管,你连职员上厕所也要跟去看一看;别人说句话,你要颠三倒四考虑半天,总想从中琢磨出个"言外之意"。总之,事无巨细,你都要搞得入骨三分,循规蹈矩,认认真真,或是拿着鸡毛当令箭,或是拿着山鸡当凤凰。结果呢?

有人说大人物都有些不拘小节,此话不无道理。该清楚的不能糊涂,该糊涂的当然也不可去搞清楚。记得一位社会活动家在谈演讲的体验时说,当你越是清楚地意识到台下都是些专家、学者等权威时,你演讲才能的发挥就会越受到限制;你越是去淡化这种意识,你的才能就越能得到充分发挥。这就好比有的著名运动员在临场时,越是担心金牌的得失反而越会一败涂地。

通常,人与人之间的交往免不了会产生矛盾,有了矛盾,平心静气地坐下来交换意见,予以解决,固然是上策,但有时事情并非那么简单,因此倒不如把此事看得糊涂一点为好。正如郑板桥所说:"退一步天地宽,让一招前途广……糊涂而已。"

人活一世,草木一秋,谁不愿自己活得自然、自由、自在呢?谁不愿自己生活得潇洒、轻松、愉快呢?谁不愿自己事业蓬勃、财运亨通呢?谁不愿自己成为别人羡慕的人呢?那么,不妨就学习一下"糊涂经"吧。

糊涂的高明之处

丁是丁，卯是卯，许多人总爱认这样一个死理儿，即：为人必须是非分明，爱憎分明，千万不能"和稀泥"！

是的，混淆是非，牺牲原则，当然是不对的。只可惜在日常普通人的生活和工作当中，够得上原则问题的事情恐怕实在不多，大量的都是非原则性的一般事件。

"水至清则无鱼，人至察则无友"。一个人太较真了，就会对什么都看不惯，连一个朋友都容不下，把自己同社会隔绝开。镜子很平，但在高倍放大镜下，就好似凹凸不平的山峦；肉眼看很干净的东西，拿到显微镜下，满目都是细菌。试想，如果我们戴着放大镜、显微镜生活，恐怕连饭都不敢吃了。再用放大镜去看别人的毛病，恐怕没有谁不是罪不可赦、无可救药。

人非圣贤，孰能无过。与人相处就要互相谅解，经常以"难得糊涂"自勉，求大同存小异，有度量，能容人，这样就会有许多朋友，且左右逢源，诸事遂愿；相反，"明察秋毫"，眼里不揉半粒沙子，过分挑剔，什么鸡毛蒜皮的小事都要论个是非曲直，容不得他人，人家就会躲你远远的，最后，你只能关起门来称孤道寡，成为使人唯恐避之不及的异己之徒。古今中外，凡是能成大事的人都具有一种优秀的品质，那就是能容人所不能容，忍人所不能忍，善于求大同存小异，团结大多数人。他们极有胸怀，豁达而不拘小节，大处着眼而不会目光如豆，从不斤斤计较，纠缠于非原则的琐事。

不过，要真正做到不较真儿，也不是一件简单的事，需要有良好的修养，不要有善解人意的思维方法，从对方的角度考虑和处理问题，多一些体谅和理解。比如，有些人一旦做了官，便容不得下属出半点毛病，动辄横眉立目，下属畏之如虎，时间久了，必积怨成仇。想一想天下的事并不是你一人所能包揽的，何必因一点点毛病便与人怄气呢？若调换一下位置，设身处地为对方着想，也许一切都会迎刃而解。何况，你不也是从"下属"升上来的，干吗刚当个小官就这么不容人呢？

在公共场所遇到不顺心的事，也不值得生气。素不相识的人冒犯你肯定事出有因，只要不是侮辱人格，我们就应宽大为怀，不必在意，或以柔克刚，晓之以理。总之，跟萍水相逢的陌路人较真儿，实在不算是什么聪明人做的事。

清官难断家务事，在家里更不要去较真儿，否则你就愚不可及。老婆孩子之间哪有什么原则立场的大是大非问题。都是一家人，非要用"你死我活"的眼光看问题，分出个对和错来，那又有什么用呢？人们在社会上充当着各种各样的角色，不管是恪尽职守的国家公务员、精明体面的商人，还是广大的工人、职员，但一回到家里脱去西装革履，也就是脱掉你所扮演角色的"行头"，即社会对这一角色的规矩和种种要求、束缚，还原了自己的本来面目，使自己尽可能地享受天伦之乐。假如你在家里还跟在社会上一样认真、一样循规蹈矩，每说一句话、做一件事还要考虑出个对错，还要顾忌影响和后果，掂量再三，那不仅可笑，也太累了。所以，处理家庭琐事要采取"糊涂"政策，一动不如一静，大事化小，小事化了，和稀泥，当个笑口常开的和事佬。

过分精明不如难得糊涂

在日常交往中，有一类非常"精明"的人，他们处处要显得比别人更加神机妙算，更加投机取巧。他们总在算计着别人，以为别人都比他们傻，从而可以从中揩点油，占点便宜。好像他们这样做就会过得比别人好，北京话把这种人做事称作"积贼"。这种人因为功利心太重，把功利当作人际关系的首要，所以他们生活过得很累，很紧张，很缺乏乐趣。

由于他们常想着算计别人，占别人的便宜，肯定也会产生相应的防范心理，即别人也可能在算计他，要侵占他的利益，所以，他是处处提防，时时警惕，小心翼翼过日子。别人很随意说的一句话，干的一件事，也许什么目的也没有，但过于"精明"者就会在心里受到刺激，晚上回家躺在床上也要细细琢磨，生怕别人有什么谋划会使他吃亏。这样，他在处理人际关系上就显得不诚实，不大方，甚至很造作。我们碰到过的许多生活中的精明者，性情都不开朗，心理都相当虚假，神经都相当过敏，为人都相当委琐，这恐怕和他们常常过那种紧张日子有直接的关系。

其实，真正聪明的人都知道，做人不能精明过头，这通常是指我们在日常生活中如何处理人际关系。生活毕竟不会如战场那样明争暗斗，杀机四伏，总需要些温情和睦，无功无利的关系，因此也就没有必要过于去斤斤计较、精打细算，反倒是随遇而安的好。

的确，过日子有时需要精打细算，才能把日子安排得既合理，又过得舒服。同样的收入，糊涂人过得就和过分聪明的人不一样。因为，过于聪明，处处显得聪明，甚至在人际关系中也玩这一套，就显得失当了。这样的人，很难和人搞好关系，很难讨人喜欢。所以，即使他在物质上比人暂时多享受点，但在精神上付出的代价则更大，要是真聪明，就得算算这笔账。

此外，精明人因为精明，对身边有利害关系的人总是有一种潜在的威胁。人们时时提防他，处处打压他。明代政治家吕坤以他丰富的阅历和对历史人生的深刻洞察，在《呻吟语》中有一段十分精辟的话："精明也好十分，只需藏在浑厚里作用。古今得祸，精明人十居其九，未有浑厚而得祸。今之人唯恐精明不至，乃所以为愚也。"《红楼梦》中的王熙凤，不可谓不精明，结果是"机关算尽反误了卿卿性命"！

如果想要把日子过得舒服一些，光靠东捞一点、西占一点，靠算计别人发财是徒劳的。我们日子过得轻松愉快，很大程度上要靠真诚、信赖、友好，碰到难处互相帮助，有了好处大家分享。这就要求我们每一个人在个人利益上都不必太"聪明"，不必担心自己会失掉些什么。相反，大家相互谦让，相互奉献，相互让利，关系融洽和睦比什么都容易让生活过得更好。不太聪明的人容易和大家成为朋友，就因为大家可以与他正常相处，这之间少有功利，多有温情，不必处处抱有戒心，有安全感。太精明的同事或朋友，总让人觉得不可靠。人们需要周围的人聪明、机智，但不要过分精明。

我们可以不要过分精明，但应有智慧。在生活中，许多人并非真的糊里糊涂过日子，而是不想为过于精明所累，其间是因为有大智慧。一个真正聪明人不会患得患失，也不会囿于世俗中的鸡毛蒜皮之事而无法自拔，这样的人自然会心胸开阔，为人豁达，日子过得有意思，有价值。

不较真儿的人生境界

人们常说：傻人有傻命。为什么呢？因为人们一般懒得和傻人计较——和傻人计较的话自己岂不也成了傻人？也不屑和傻人争夺什么——赢了傻人也不是一件什么光彩的事情。相反，为了显示自己比傻人要高明，人们往往乐意关照傻人。因此，傻人也就有了傻命。

美国第九任总统威廉·亨利·哈里逊出生在一个小镇上，他儿时是一个很文静又怕羞的老实人，以至于人们都喜欢捉弄他。他们经常把一枚五分硬币和一枚一角的硬币扔在他的面前，让他任意捡一个，威廉总是捡那个五分的，于是大家都嬉笑他。

有一天一位可怜他的好心人问他："难道你不知道一角要比五分值钱吗？"

"当然知道，"威廉慢条斯理地说："不过，如果我捡了那一个一角的，恐怕他们以后就再没有兴趣扔钱给我了。"

你说他傻吗？

《红楼梦》中的另一主要人物薛宝钗，其待人接物极有讲究。元春省亲与众人共叙同乐之时，制一灯谜，令宝玉及众裙钗粉黛们去猜。黛玉、湘云一干人等一猜就中，眉宇之间甚为不屑，而宝钗对这"并无甚新奇"，"一见就猜着"的谜语，却"口中少不得称赞，只说难猜，故意寻思"。有专家们一语破"的"：此谓之"装愚守拙"，因其颇合贾府当权者"女子无才便是德"之训，实为"好风凭借力，送我上青云"之高招。这女子，实在是一等的装傻高手。

真正的聪明人在适当的时候会装装傻。明朝时，况钟从郎中一职转任苏州知府。新官上任，况钟并没有急着烧所谓的三把火。他假装对政务一窍不通，凡事问这问那，瞻前顾后。府里的小吏手里拿着公文，围在况钟身边请他批示，况钟佯装不知所措，低声询问小吏如何批示为好，并一切听从下属们的意见行事。这样一来，一些官吏乐得手舞足蹈，都说碰上了一个傻上司。过了三天，况钟召集知府全体官员开会。会上，况钟一改往日愚笨懦弱之态，大声责骂几个官吏：某某事可行，你却阻止我；某某事不可行，你又怂恿我。骂过之后，况钟命左右将几个奸佞官吏捆绑起来一顿狠揍，之后将他们逐出府门。

"装傻"看似愚笨，实则聪明。人立身处事，不矜功自夸，可以很好地保护自己。即所谓"藏巧守拙，用晦如明。"

"愚不可及"这句话已经成为生活中的常用语，用来形容一个人傻到了无以复加的程度。但要是查一下出典，此话最早还是出于孔子之口，原先并不带贬义，反而是一种赞扬："子曰：'宁武子，邦有道则知，邦无道则愚。其知可及也，其愚不可及也。'"（《论语·公冶长》）

宁武子是春秋时代卫国有名的大夫，姓宁，名俞，武是他的谥号。宁武子经历了卫国两代的变动，由卫文公到卫成公，两个朝代局势完全不同，他却安然做了两朝元老。卫文公时，国家安定，政治清平，他把自己的才智能力全都发挥了出来，是个智者。到卫成公时，政治黑暗，社会动乱，情况险恶，他仍然在朝做官，却表现得十分愚蠢鲁钝，好像什么都不懂。但就在这愚笨外表的掩饰下，他还是为国家做了不少事情。所以，孔子对他评价很高，说他那种聪明的表现别人还做得到，而他在乱世中为人处世的那种包藏心机的愚笨表现，则是别人所学不来的。其实，真正学不到的是宁武子的那种不惜装傻以利国利民的情操。

一分糊涂，一分洒脱

在网上看到一个有意思的帖子：

如果你家附近有一家餐厅，东西又贵又难吃，桌上还爬着蟑螂，你会因为它很近很方便，就一而再再而三地光临吗？

你一定会说：这是什么烂问题，谁那么笨，花钱买罪受？

可同样的情况换个场合，自己或许就做了类似的蠢事。不少男女都曾经抱怨过他们的情人或配偶品性不端，三心二意，否负责任。明知在一起没什么好的结果，怨恨已经比爱还多，但却"不知道为什么"还是要和他搅和下去，分不了手。说穿了，只是为了不甘，为了习惯，这不也和光临餐厅一样？

——做人，为什么要过于执着？！

佛家认为，人要成佛，首先得"破执"。简单地说，破执也就是破除心中的执着。《金刚经》中有云，"应无所住而生其心。"这句话的意译是：执着是一个人的内心最顽固的枷锁。放下执着，少些计较，就能让心的力量释放出来，自由地发挥它的作用。

身在社会，身不由己，但我们终日忙忙碌碌、疲惫的心灵确实需要宁静的放松，尽管忙碌使我们充实而又愉快，但如果我们不懂得洒脱，实际上是在给自己加重负担。让心灵终日劳役的我们，哪里懂得洒脱可是生命赏赐我们的礼物呢？一味追求而忘记给自己一份洒脱的机会，我们又岂能负载更多世俗的担子。洒脱，那是在痛苦之后的一种平静，那是在苦涩中品味出的一丝甜蜜。拥有洒脱，我们将拥有与天地一样包容世间一切的广阔襟怀。

有时确立一个目标，或目标过于明晰，反而会成为一种心理负担和精神累赘，从而沉重了我们前进的脚步，束缚了我们翱翔的羽翼，相反，这时候没有了目标，或将目标删除，学会洒脱，一身轻松的我们反而会走得更远，飞得更高。洒脱，是一份难得的心境，只有解读洒脱，豪放的诗仙李白在《将进酒》中这样写道：天生我材必有用，千金散尽还复来。

有"天生我材必有用，前进散尽还复来"的自励，才会酝酿洒脱，才会有"挥一挥衣袖，不带走一片云彩"的飘扬；也只有拥有洒脱，才会有"面朝大海，春暖花开"的情怀。

洒脱，就像一江流水迂回辗转，依然奔向大海，即使面临绝境，也要飞落成瀑布；就像一山松柏立根于巨岩之中，依然刺破青天，风愈大就愈要奏响生命的最强音。有的人对他人说法不屑一顾，他们往往具有相当独立的价值观，不拒于荣辱，不惧于生死，不齿于躬耕，不悲于饥寒，不谋于权术，他们的生活法，也许简单普通，但魅力无穷，不要为无所谓的尘世而计较成败得失，使自己光守着一颗烦闷的心；也别再为现实和理想的差距，而让自己思索着沉闷的主题；更不要为人生的坎坷，岁月的蹉跎而一蹶不振，因为孔明曾经说过："非淡泊无以明智，非宁静无以致远。"

也许只有洒脱，才能像荡漾的春风，让我们无时无刻不再感到天地间的勃勃生机；也许只有洒脱，才像汩汩喷涌的青春之泉，为我们的身躯注入无穷无尽的生命活力，生活也因此而散发出永久的芳香。

学会忘记生活的不快

"小雨，对不起，我说过一定要赚 100 万才回来见你，但是我没有……"一对久别的恋人重逢，男的对女的这么说。

"是吗？我怎么不记得了。"女的回答。

"我不应该指责你贪财，是我不对。"男的继续忏悔。

"你有这样的指责吗？我怎么不记得了。"女的回答。

男的一定是有过这样的誓言与指责，但女的已经"不记得"了。无论他们之间的感情是否还在，"不记得"都是一种最好的回答。在"不记得"的基础上，可以重新开始，也可以就此结束。在青春的冲动下，哪对恋人之间没有兑不了现的诺言？哪对恋人之间没有海枯石烂的山盟海誓？世界上最恐怖的莫过于这样一种人，只要他一打开话匣子，就唠唠叨叨没个完。张家长李家短，多少年前的陈芝麻烂谷子，从他嘴里说出就像本账簿，记得一笔不漏。有时我挺纳闷的，人的大脑到底有多大的空间？能贮藏多少记忆？七八十岁的老人，孩童时的事情仍记忆犹新。电脑还得点击检索，人脑则张嘴就来，仿佛几十年前的事情就含在嘴里，随时可以准确无误地倾吐。其实也不尽然，同是一个人，有些事情又转瞬即忘，甚至几天前说的话，做的事，竟然忘得一干二净。那么，我们记住了什么？忘记了什么？

我们以人世间最普遍存在的恩仇来说吧，有人记恩不记仇，也有人记仇不记恩。一个人，只要看看他一生中记住些什么，忘记些什么，就能大体上观察出他的心胸、气度和人品。记恩不记仇的人，一般都豁达大度，为人磊落，感恩而不计前嫌；记仇不记恩的人，一般都胸怀狭隘，心境阴暗。健忘是一种糊涂，但健忘的人生未尝不是一种幸福。因为人生并不总像自己所期望的那么充满诗情画意，那么快乐自在。人生中有许多苦痛和悲哀、令人厌恶和心碎的东西，如果把这些东西都储存在记忆之中的话，人生必定越来越沉重，越来越悲观。实际上的情景也正是这样。当一个人回忆往事的时候就会发现，在人的一生中，美好快乐的体验往往只是瞬间，只占据很小的一部分，而大部分时间则伴随着失望、忧郁和不满足。

人生既然如此，那么健忘一点、糊涂一些又有什么不好呢？若如此，便能够使我们忘掉幽怨，忘掉伤心事，减轻我们的心理重负，净化我们的思想意识；可以把我们从记忆的苦海中解脱出来，忘记我们的罪孽和悔恨，利利索索地做人和享受生活。过去了的，就让它过去吧。记忆就像一本独特的书，内容越翻越多，而且描叙越来越清晰，越读就会越沉迷。有很多人为记忆而活着，他们执着于过去，不肯放下。还有一些人却生性健忘，过去的失去与悲伤对他们来说都是过眼烟云，他们不计较过去，不眷恋历史，不归还旧账，活在当下，展望未来。

当然，人不能将全部过去都忘记，别人对你的好，你还是要记得。我们该忘记的，主要还是过去的仇恨这类不必要的负担。一个人如果在头脑中种下仇恨的种子，梦里都会想着怎么报仇，他的一生可能都不会得到安宁。还要忘记现在的忧愁。多愁善感的人，他的心情长期处于压抑之中而得不到释放。愁伤心，忧伤肺，忧愁的结果必然多疾病。《红楼梦》里的林黛玉不就是如此吗？在我们生活中，忧愁并不能解决任何问题。再就是要忘记过去的悲伤。生离死别，的确让人伤心，黑发人送白发人，固然伤心；白发人送黑发人，更叫人肝肠欲断。一个人如果长时间的沉浸在悲伤之中，对于身体健康是有很大影响的。与忧愁一样，悲伤也不能解决任何问题，只是给自己、给他人徒添烦恼。逝者长已矣，存者且偷生。理智的做法是应当学会忘记悲伤，尽快走出悲伤，为了他人，也为了自己。

"人生不满百，常怀千岁忧"，有何快乐可言？在生活中选择了"健忘"的人，才会活得潇洒自如。当然，在生活中真的健忘，丢三落四，绝非乐事。我们说学会"健忘"，是说该忘记时不妨"忘记"一下，该糊涂时不妨"糊涂"一下。

对有些朋友只能糊涂

一个人如果拥有敏锐的洞察力，能准确地、全面地了解一个人，的确是一笔财富。假如能针对不同的人，采取不同的交涉方法，那么这笔财富算是用在点子上。但倘若因为洞察了他人的缺点，对他人横鼻子竖眼，那么这笔财富将是一个祸害。

《大戴礼记·子张问入官》中有云："水至清则无鱼，人至察则无徒"。水太清，如蒸馏水，鱼就存不住身；对人要求太苛刻，就没有人能当他的朋友。

每个人都有缺点，甚至有一些见不得人的阴暗角落。因为我们都是凡人，都有人性的弱点，每一个人的心里都有阴暗面，在每一枚灵魂下面都藏着委琐的东西。在与人交往时，我们要懂得糊涂之术。交友的糊涂之术，简单来说有以下几个要点。

其一为不责小过。不要责难别人的轻微的过错。人不可能无过，不是原则问题不妨大而化之。"攻人之恶毋太严，要思其堪受。"意思批评朋友不可太严厉，一定要考虑到对方能否承受。在现实中，有的人责备朋友的过失唯恐不全，抓住别人的缺点便当把柄，处理起来不讲方法，只图泄一时之愤。几个朋友同室而居，其中一个常常不打扫卫生，常常不打开水，另一个就常常在别人面前说那人的坏处，牢骚满腹。久而久之，传入那人的耳朵中，室内的气氛越变越坏，两个人开始冷战，使得同寝室的人都不得安宁。这就是因小失大。

其二是不揭隐私。隐私是长在一个人的心上的痛楚，你一揭就会让别人心口出血。不要随便揭发他人生活中的隐私。揭发他人的隐私，是没有修养的行为。人都有自己不愿为人所知的东西，总爱探求别人的隐私，关心别人的秘密，不仅庸俗，而且让人讨厌，这种行为本身就是对朋友人格的不尊重，也可能给别惹来意外的灾祸。假如朋友告诉你他心之所思，你更该为其保密，他既然这么信任你，那么你一定要学会珍惜这份友情。对于朋友的秘密，三缄其口并非难事，就像朋友的东西寄放在你那儿，你不可以将它视为你的，想用就用。想一想，你自己一定也有隐私，"己所不欲，勿施于人"。

其三为不念旧恶。不要对朋友过去的错误耿耿于怀。人际间的矛盾，总会因时因地而转移，时过境迁，总把思路放在过去的恩怨上，并不是什么明智之举。记仇的朋友是可怕的，他不一定会在什么时候，记起你对他犯下的错误，也不定在什么时候，他会报复你一下，以求得心理上的平衡。所以，与朋友交往，学会忘记在一起时的不快和口角之争，下次见面还是好朋友。还有，就是对于朋友生活、工作中的习惯，要给予尊重。如果说，在朋友做人中所出现的失误，你尚可以埋怨一二，但是，对于他的个人习惯，你再挑三拣四就不是可原谅的了。每个人都有不同的特点，不可能与你相同，尊重朋友的习惯是最起码的要求。

《菜根谭》中说："地至秽者多生物，水至清者常无鱼. 故君子当存含垢纳污之量，不可持好洁独行之操。"一片堆满腐草和粪便的土地，才能长出许多茂盛的植物；一条清澈见底的小河，常常不会有鱼来繁殖。君子应该有容忍世俗的气度，以及宽恕他人的雅量，绝对不可自命清高，不与任何人来往而陷于孤独。

糊涂的人生才清醒

吕端在担当北宋参政大臣，初入朝庭的那天，有个大臣指手画脚地说："这小子也能作参政?"吕端佯装没有听见而低头走过。有些大臣替吕端打抱不平，要追查那个轻慢吕端的大臣姓名，吕端赶忙阻止说："如果知道了他的姓名，怕是终生都很难忘记，不如不知为上。"吕端对付"记得"的招数，直接干脆是"不听"。没有听见，就无所谓记得不记得了。

在外人看来，吕端是多么糊涂的人啊。而当别人知道了吕端糊涂的原因后，莫不惊叹不已。吕端明白自己很难做到不记恨轻慢自己的人，同时也明白这种记恨对人对己都没好处，因此干脆就选择糊涂——不去追究是谁轻慢自己。

因为明白，所以糊涂。而人在糊涂之后，和身边的环境就和谐了。糊涂如一挑纸灯笼，明白是其中燃烧的灯火。灯亮着，灯笼也亮着，便好照路；灯熄了，它也就如同深夜一般漆黑。灯笼之所以需要用纸罩在四周，只是因为灯火虽然明亮但过于孱弱，还容易灼伤他人与自己，因此需要适当地用纸隔离，这样既保护了灯火也保护了自己和别人。明白也需要糊涂来隔离。给明白穿上糊涂的外套，既需要处世的智慧，又需要处世的勇气。很多人一事无成，痛苦烦恼，就是自认为自己明白，缺乏"装糊涂"的明白与勇气。

古往今来，无数圣贤智者在参悟人生后，都发现了糊涂的影子。孔子发现了，取名"中庸"；老子发现了，取名"无为"；庄子发现了，取名"逍遥"；释迦牟尼看见了，取名"忘我"；墨子看见了，取名"非攻"；东晋诗人陶渊明在东篱采菊时也发现了，但他提起笔时却又忘记了——他也真够糊涂的，只好语焉不详地说"此中有真意，欲辩已忘言"……直到清代，才由名士郑板桥振臂一呼，呼啦啦地举起一面"糊涂"大旗，高声地宣称："难得糊涂"！

糊涂者，非整天浑浑噩噩、无所作为的庸者。糊涂是一种不斤斤计较，吹毛求疵的大度；糊涂是一种超脱物外，不累尘世的高洁；糊涂是一种行云流水，无欲无求的潇洒。不过，大事当头，切莫糊涂！抓住机遇的飞跃，才会使"糊涂"有所价值。这也就是所谓的"糊涂一世，聪明一时"。其实他们哪里是真的糊涂，他们只是因为看清了、看透了、明白了，清醒到了极致，在俗人的眼里成了糊涂而已。

糊涂之难得，在于明白太难。糊涂是明白的升华，是心中有数却不动声色的涵养，是超脱物外、不累尘世的气度，是行云流水、悠然自得的潇洒，是整体把握、抓大放小的运筹，是甘居下风、谦让阔达的胸怀，是百忍成金、化险为夷的韬略。其实糊涂者哪里是真的糊涂，他们只是因为看清了、看透了，明白与清醒到了极致，才在俗人的眼里成了糊涂而已。

因为心中太明白了，明白自己不能处处明白，于是就装糊涂了。从揣着明白装糊涂，到懒得究真糊涂，这才达到糊涂的最高境界。这种真糊涂，其实也是一种大明白。

这种"大明白"式的糊涂，其实就是所谓的"大智若愚"。其中所谓的"愚"，是指有意糊涂。该糊涂的时候，就不要顾忌自己的面子、自己的学识、自己的地位、自己的权势，一定要糊涂。而该聪明、清醒的时候，则一定要聪明。由聪明而转糊涂，由糊涂而转聪明，则必左右逢源，不为烦恼所忧，不为人事所累，这样你也必会有一个幸福、快乐、成功的人生。

一个人明白到了糊涂的境界，还会有什么想不通、看不开、放不下呢？